DaVinci Resolve 17
达芬奇从入门到精通

王磊◎编著

人民邮电出版社
北京

图书在版编目（CIP）数据

DaVinci Resolve 17达芬奇从入门到精通 / 王磊编
著. -- 北京 : 人民邮电出版社，2023.6
ISBN 978-7-115-61186-4

Ⅰ．①D… Ⅱ．①王… Ⅲ．①调色－图像处理软件
Ⅳ．①TP391.413

中国国家版本馆CIP数据核字(2023)第031702号

内 容 提 要

DaVinci Resolve 17 集剪辑、快编、调色、合成、混音等多种功能于一体，满足后期一体化、全流程使用需求，可以用于剪辑各种专业视频。它既是电影和广播电视行业制作视频的主要工具，也是影视工作室、自媒体制作视频的得力助手。

本书共 11 章，讲解了软件的基本设置，媒体、剪辑、快编、调色、Fusion（合成）、Fairlight（混音）、交付工作区等的基本功能及详细操作，并结合工作实际，设计了综合性的剪辑、调色和合成进阶实例，易于读者掌握。随书附赠练习素材、工程文件和教学视频，有助于提高读者的学习效率。

本书内容讲解全面系统，案例综合性强，贴近实际应用，是作者多年学习积累和实际工作的总结与提炼，可以满足初、中级读者的使用需求。本书可作为系统学习 DaVinci Resolve 17 的教材，也可作为 Blackmagic Design 认证考试的参考用书。

◆ 编　著　王　磊
　　责任编辑　张　璐
　　责任印制　马振武

◆ 人民邮电出版社出版发行　　北京市丰台区成寿寺路 11 号
　　邮编　100164　　电子邮件　315@ptpress.com.cn
　　网址　https://www.ptpress.com.cn
　　北京尚唐印刷包装有限公司印刷

◆ 开本：787×1092　1/16
　　印张：17.5　　　　　　　　2023 年 6 月第 1 版
　　字数：484 千字　　　　　　2023 年 6 月北京第 1 次印刷

定价：129.80 元

读者服务热线：(010)81055410　印装质量热线：(010)81055316
反盗版热线：(010)81055315
广告经营许可证：京东市监广登字 20170147 号

前 言

关于DaVinci Resolve

很多读者因为调色认识了DaVinci Resolve，其实DaVinci Resolve发展到现在，其功能已远远不止调色。目前，DaVinci Resolve已经发展成一款功能强大的视频编辑工具。用户通过DaVinci Resolve可以进行剪辑、调色、后期制作等。DaVinci Resolve（以下简称DaVinci）兼容性强、速度快，输出的画面品质高，其内置的专业Fusion视觉特效和动态图形可满足多种视频制作需求。

经常有人刚接触DaVinci就开始抱怨一点也不好用、软件闪退、做的东西不知道存在哪了、界面不能随意拖动、视频卡顿等，还没真正开始学习就先把自己劝退了。其实系统学习后，读者可以了解到，作为一款发展了近40年的行业优秀软件，这些问题（特别是初学者遇到的问题）都有比较完善的解决方案。例如，软件闪退多半是因为显卡驱动器老旧、显存小，或主板集成显卡和独立显卡同时启用导致设置错误；DaVinci的项目管理采用的是数据库模式，可以轻松导出项目文件；专业的后期制作是使用多显示器的，不用因界面而纠结；专业视频文件大小都是以GB为单位的，操作时需要打开代理、缓存等。这些问题都是平时工作、学习中经常遇到的问题，本书都有详细讲解，希望读者全面、系统地学习后，再进一步交流探讨。

关于本书

本书共11章，结合软件功能操作和实例进行讲解，调色部分还介绍了色彩管理基础知识，使读者能够知其然，更知其所以然。

第1章主要介绍DaVinci的基本设置，并结合笔者的工作经验介绍如何设置GPU、如何自动保存备份、如何设置习惯的快捷键、如何管理项目、如何导入与导出项目等，这些都是平时工作中经常遇到的问题。

第2章主要介绍如何导入及管理媒体素材。可能有读者认为只要把素材拖进软件就行了，不明白为什么还专门用一章的篇幅来讲解。其实更重要的是如何管理媒体素材，这才是视频制作的基础。当进行专业影视剧、综艺节目等的制作时，读者就能体会到素材量之大了，这时素材分类方式、自动化处理操作等就可以大显身手。

第3章主要介绍剪辑操作，这里跳过快编先讲剪辑，并不是快编不重要，而是剪辑基本覆盖了快编的所有知识点，读者先学习剪辑再学习快编更科学，只需要调整一下操作思路和方式即可，便于学习掌握。DaVinci的剪辑操作与我们常见的剪辑软件的操作基本一致，比较容易上手。

第4章主要介绍快编操作。Blackmagic Design公司还推出了专门的快编键盘，读者现在只需要带上笔记本计算机和快编键盘即可完成新闻现场、婚礼现场等各种视频的快速剪辑。快编操作与剪辑的基本操作是相同的，只是增加了很多特有的快速剪辑功能，使用起来非常方便。

第5章是综合实例，可引导读者进一步学习剪辑操作。这里并不是讲解某种类型的视频或某种镜头的切换操作，而是围绕软件功能，介绍如何制作动画、如何进行套底、如何进行变速、如何使用特效等。"授人以鱼不如授人以渔"，只要学会了方法，无论是制作影视作品、独立电影，还是制作 Vlog、旅拍视频、短视频等，都可以轻松上手。

第6章主要讲解调色基础知识，本章先对色彩管理基础知识进行简单科普，因为这是 DaVinci 调色的基础，调色要先做到对色彩准确、科学地还原，然后才是设置色彩风格。本章并没有对色彩基础知识进行阐述，例如红色加绿色为黄色等，这些不是本章的研究范畴，而且相关知识的学习资料也非常普遍，读者可以自行了解。要学习调色，重点是要学好如何进行色彩管理、如何使用示波器分析画面、如何进行节点操作、如何使用各种调色工具等，之后就要看个人的艺术造诣了。

第7章主要讲解几种色彩风格，以及实际工作中经常会遇到的人像美化、延时、遮罩、HDR 调色等知识，通过实例的讲解，帮助读者拓展知识面。常见的色彩风格有很多，如胶片风格、小清新风格、港风等，设置各种风格的基本操作大同小异，只是要注意其光影的塑造和色彩的特点。受篇幅限制，本书不逐一讲解各种风格的设置方法。塑造色彩风格要特别注意前期拍摄，否则后期再怎样处理也难尽如人意。读者需要进行大量的拉片、总结、模仿、提升，最终才能塑造出属于自己的色彩风格。

第8章主要讲解 Fusion 合成的基本功能与操作。Fusion 与 After Effects 同为后期合成制作软件，其采用节点操作方式。如果读者接触过 Nuke 等专业合成软件，则比较容易上手。其实大多数时候这种节点操作方式在操作逻辑上更加直观。After Effects 有大量的模板和插件，随着 Fusion 的普及，DaVinci 也推出了多款特效、模板、插件等也越来越丰富。本章对其常用节点进行逐一介绍，基本覆盖了常用的节点类型，当然，还有众多节点等着我们去挖掘，需要根据实际使用情况不断学习掌握。

第9章通过合成实例，讲解影视后期制作中经常使用的文字、动画、光效、抠像、遮罩、跟踪、3D 场景合成、粒子等知识。

第10章主要讲解 Fairlight 混音制作功能。多数人观看视频时更关注的是影视画面，很少注意声音效果。其实声音对影视作品的影响一点也不比画面的影响弱，甚至可以说是有过之而无不及。但是，声音效果通过图书这种媒介并不好表达，本章重点讲解音频剪辑操作、混音合成、录音制作、音频效果等，将混音操作与调色操作进行对比，力求更加直观形象。希望读者在制作影视作品时，更加关注音频方面的处理。

第11章重点讲解如何交付输出，这个环节虽然操作比较简单，但也绝不能掉以轻心，一定要输出满足播放平台要求的优秀作品。视频格式、编码方式、分辨率、帧速率等要满足平台的播放标准，确保清晰度，才能真正把辛苦制作完成的作品展现在观众面前。本章还有一些音/视频编码知识的详细介绍。

建议读者先学习书中知识，再结合实例进行研究，不明白的地方结合教学视频寻找答案，这样才能够真正把知识转换成自己的能力，制作项目时才能游刃有余，而不是边学边忘、边做边查。如果要直接使用实例，可以先下载实例和素材文件，然后在项目管理器的空白处右击，在弹出的菜单中执行"导入项目"命令，导入实例的".drp"文件，进入该项目，媒体片段的缩略图会出现红色的离线状态标记。在项目缩略图上右击，在弹出的菜单中执行"更改源文件夹"或"重新链接所选片段"命令进行关联后即可正常使用，如下页图所示。

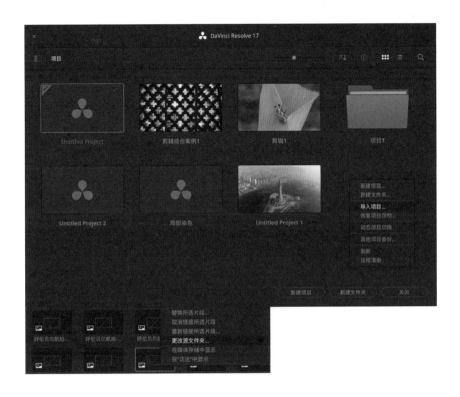

■ 未来发展

　　如果在操作过程中仍有不懂的或书中没有覆盖的内容，读者可以阅读DaVinci软件的帮助文档。文档共3000多页，内容非常丰富，虽然全部是英文，但读者可以使用翻译软件辅助阅读，也可以在其官方网站上进一步学习与训练。中文版参考学习内容会陆续更新。读者后续可以参加官方的认证考试，也可以选择一个自己喜欢的发展方向，如剪辑师、调色师、合成师、独立制作人等，进一步深入学习，争取成为该领域的佼佼者。

王磊

2022年12月

资源与支持

本书由"数艺设"出品，"数艺设"社区平台（www.shuyishe.com）为您提供后续服务。

• 配套资源

练习素材

工程文件

教学视频

资源获取请扫码

（提示：微信扫描二维码，点击页面下方的"兑"→"在线视频＋资源下载"，输入51页左下角的5位数字，即可观看全部视频）

"数艺设"社区平台， 为艺术设计从业者提供专业的教育产品。

• 与我们联系

我们的联系邮箱是szys@ptpress.com.cn。如果您对本书有任何疑问或建议，请您发邮件给我们，并请在邮件标题中注明本书书名及ISBN，以便我们更高效地做出反馈。

如果您有兴趣出版图书、录制教学课程，或者参与技术审校等工作，可以发邮件给我们。如果学校、培训机构或企业想批量购买本书或"数艺设"出版的其他图书，也可以发邮件联系我们。

• 关于"数艺设"

人民邮电出版社有限公司旗下品牌"数艺设"，专注于专业艺术设计类图书出版，为艺术设计从业者提供专业的图书、视频电子书、课程等教育产品。出版领域涉及平面、三维、影视、摄影与后期等数字艺术门类，字体设计、品牌设计、色彩设计等设计理论与应用门类，UI设计、电商设计、新媒体设计、游戏设计、交互设计、原型设计等互联网设计门类，环艺设计手绘、插画设计手绘、工业设计手绘等设计手绘门类。更多服务请访问"数艺设"社区平台www.shuyishe.com。我们将提供及时、准确、专业的学习服务。

目 录

第9章

实战进阶：制作合成特效实例 ································· 227

第10章

基础操作："Fairlight"工作区基础 ························ 254

第1章

快速上手：
熟悉DaVinci Resolve

01

　　本章将带领读者敲开DaVinci的大门，了解DaVinci软件和硬件工作环境、偏好设置，以及项目设置和管理操作，让读者对DaVinci有一个基本的认识和了解，可以按照自己的工作习惯对其进行初始化设置，并会使用数据库模式管理项目。

DaVinci Resolve（通常称为"达芬奇"，以下简称DaVinci）最初是专门为影视制作人员设计的调色软件，现已发展成集剪辑、合成、调色、混音于一体的多平台、全流程专业影视制作软件，如图1-1所示。

图1-1

DaVinci具有丰富的功能、良好的接口和强大的兼容性，无论是大型影视制作公司，还是中小型工作室，或是个人媒体工作者都能使用。它的数据库管理理念、多用户协作流程，以及支持远程共享渲染的特性，使它可以满足多种制作需求，并极大地提高了用户的工作效率。DaVinci近几年发展非常迅速，已经逐步被普通用户熟知，其主界面如图1-2所示。

图1-2

DaVinci分为免费版和专业版。其每一次版本升级都会给用户带来全新的体验。它的基本功能是免费使用的，专业版则一般是随各种硬件赠送，在非线性编辑领域极具竞争力。相信随着各项功能的不断完善，它很快会成为影视工作者的优选工具。

1.1 了解DaVinci：从硬件到软件

影视行业中说的DaVinci并不单指这一个软件，而是指一整套调色系统。一套完整的调色系统除了软件外，还包含调色台、监视器、计算机、调音台等，如图1-3所示。

图1-3

虽然早期DaVinci对硬件的要求较高，但自从DaVinci被Blackmagic Design（以下简称BMD）公司收购后，经过多次迭代，目前它已经可以在台式计算机甚至笔记本计算机上流畅运行，通过鼠标、键盘即可完成全部操作。

1.1.1 DaVinci的硬件构成

DaVinci软件由多个不同的"页面"组成，包含媒体、快编、剪辑、Fusion、调色、Fairlight、交付，每个页面分别针对特定的任务提供专门的工作区和工具集，同时还有很多配套的硬件或软件产品，如图1-4所示。

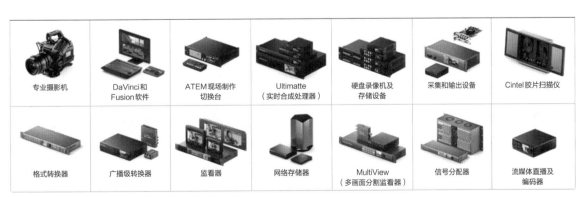

图1-4

下面介绍几款BMD公司出品的设备。

1. BMD 6K 摄影机

BMD 6K 摄影机如图1-5所示。

该摄影机拥有Super35大尺寸传感器、5英寸大型触摸屏、13挡动态范围、高达25600的双原生ISO设置，可通过拍摄获得HDR影像出色的低照度效果。其内置的UHS-II或CFast 2.0存储单元可采集Blackmagic RAW或ProRes格式的数据，USB-C接口可将数据记录至外部存储设备。此外，该摄影机还搭载EF镜头卡口、内置麦克风、拥有HDMI接口、支持3D LUT和蓝牙等功能。BMD 6K摄影机的主要参数如表1-1所示。

图1-5

表1-1 BMD 6K摄影机的主要参数

主要参数	
传感器有效尺寸	23.10mm×12.99mm（Super35）
镜头卡口	主动式EF卡口
动态范围	13挡
双原生ISO	400和3200（100至1000之间的ISO设置使用400的原生ISO设置为参考点，1250至25600之间的ISO设置使用3200的原生ISO设置为参考点）
拍摄分辨率	1920像素×1080像素（HD）至6144像素×3456像素（6K）
帧率	6K 2.4：1时帧率最高为60帧/秒，2.8K 17：9和1080HD时帧率为120帧/秒。最大传感器帧率由所选的分辨率和编解码器决定
屏幕大小及分辨率	5英寸，1920像素×1080像素
屏幕类型	LCD电容式触摸屏
麦克风	内置立体声麦克风
内置扬声器	1×单声道扬声器
SD视频格式	无
HD视频格式	最高1080p、60帧/秒
Ultra HD视频格式	最高2160p、60帧/秒
存储介质	1个CFast卡槽，1个UHS-II SD卡槽，1个USB-C 3.1 Gen 1接口（可用于连接外部存储设备录制Blackmagic RAW和ProRes格式的数据）
电池类型	佳能LP-E6
电池续航时间	约45分钟

2. DaVinci Resolve快编键盘

DaVinci Resolve快编键盘如图1-6所示。

DaVinci Resolve快编键盘作为一款专门的剪辑键盘，其操控比鼠标操控更加直观、可视。与鼠标相比，用它可以进行更精准的定位和时间线搜索等，从而获得更高的剪辑质量。

图1-6

3. DaVinci Resolve Micro Panel调色台

DaVinci Resolve Micro Panel调色台是一款入门级调色台，它搭载了3个高分辨率轨迹球和12个精准调节旋钮，用于操控各种一级调色工具。该调色台上设有多个用于在Log调色轮和一级调色轮之间切换的按键，以及一个用于全屏播放的按键，面板右侧还设有一组控制常用功能的按键和工作区导航按键，如图1-7所示。

图1-7

旋转轨迹球可以调整暗部、灰部和亮部的色调范围，从而调整图像色彩，而且可以同时旋转两个轨迹球来调整。

4. Fairlight Desktop Console调音台

Fairlight Desktop Console调音台是一套完整的音频控制台，它搭载了12组触感灵敏的推子和声像旋钮，每个通道条上方均配有LCD显示屏、声道控制按键，如图1-8所示。该调音台具有自动化播放和导航控制、可连接监视设备进行HDMI图文界面输出等功能。

图1-8

■ 1.1.2 DaVinci的重要版本升级

DaVinci近年来有几次较重要的版本升级，如表1-2所示。

表1-2 DaVinci的重要版本升级

年份	版本号	介绍
2014	DaVinci 11	支持多语言界面，工作区被精简为"媒体""编辑""调色""导出"4个。支持多用户协作流程，支持双屏操作界面，支持软件示波器实时刷新，添加了克隆工具。"校正器"节点可以在Lab色彩空间工作，增加了广播安全提示，支持12bit的RGB DPX格式

续表

年份	版本号	介绍
2014	DaVinci 11	支持多语言界面，工作区被精简为"媒体""编辑""调色""导出"4个。支持多用户协作流程，支持双屏操作界面，支持软件示波器实时刷新，添加了克隆工具。"校正器"节点可以在Lab色彩空间工作，增加了广播安全提示，支持12bit的RGB DPX格式
2015	DaVinci 12	分为DaVinci Resolve（免费）和DaVinci Resolve Studio（付费使用）两个版本。支持从1440像素×900像素到5120像素×2880像素的显示屏幕。管理媒体的能力得到了很大提升，拥有完善的剪辑功能。自定义曲线可以用贝塞尔手柄控制，拥有全新的透视跟踪器和3D抠像工具，利用节点复合功能可以创建嵌套的节点图，能自动匹配片段颜色。导出功能也得到了增强，可以仅渲染音频，支持远程渲染，可以在"渲染队列"面板中查看所有作业
2017	DaVinci 14	全新添加"Fairlight"工作区，其中设有大量录音、编辑、混音、调音、精修和母版制作等工具。采用亚毫秒级超低延迟音频引擎设计，可以处理多达1000个192kHz、24bit音频的轨道。还增加了多个专业插件
2018	DaVinci 15	将专业合成软件Fusion整合于其中，是全球第一套集专业离线编辑精编、校色、音频后期制作和视觉特效功能于一身的解决方案。时间线可以堆叠，可以调用Fusion字幕。新增LUT画廊和共享节点，HDR调色功能得到了加强和扩展。新增多款OpenFX插件和多款音频插件，增加了多种输出编码
2019	DaVinci 16	新增了"快编"工作区，专为电视广告和新闻等制作周期较短的应用场景所设计，一切皆以速度为先，相当于精简版的"剪辑"工作区。可以在"快编"工作区中执行导入、剪辑、修剪、添加转场和标题字幕、自动匹配色彩、混音等任务，"快编"工作区能帮助用户一站式完成所有工作
2020	DaVinci 17	2020年发布公测版，2021年2月发布正式版，这是一次重大更新。这一版本汇集了超过100项新功能和200项改进功能。"调色"工作区设立了新的HDR调色工具，重新设计了一级校色控制工具，并添加了基于AI的Magic Mask遮罩等功能。"Fairlight"工作区更新了能提高工作效率的鼠标和键盘编辑选择工具，以及Fairlight Audio Core和FlexBus新一代音频引擎和总线架构，能处理多达2000个轨道。此外，软件还为剪辑师提供了"元数据"面板，添加了媒体夹分隔线、智能画面重构、统一检查器等实用工具。"Fusion"工作区中创建的合成可以在"剪辑"和"快编"工作区中作为特效、标题或转场效果使用

1.1.3　软件获取与安装

1. 软件获取

DaVinci有两个版本：一个是免费版DaVinci Resolve，另一个是付费使用的专业版DaVinci Resolve Studio。

DaVinci Resolve为用户提供一站式解决方案，整合了剪辑、视觉特效、动态图形、调色和音频后期制作等功能，横跨Mac、Windows和Linux三大平台，可以满足绝大部分视频制作需要。最新正式版新增了之前只有专业版才具有的多用户协作工具，可以实现同项目、同时间、多用户协作而无需任何费用。

DaVinci Resolve Studio拥有免费版的全部功能，还有DaVinci神经网络引擎、立体3D工具、Resolve FX滤镜和Fairlight FX音频插件，以及先进的HDR调色和HDR示波器等功能。

2. 安装DaVinci 17的最低系统要求

（1）Mac系统安装DaVinci 17的最低系统要求如下：

● macOS 10.15 Catalina；

● 最低需要8GB系统内存，如果需要使用Fusion，则至少需要16GB系统内存；

● 集成GPU或独立GPU，至少需要2GB显存，支持Metal和OpenCL 1.2。

（2）Windows系统安装DaVinci 17的最低系统要求如下：

- Windows 10；
- 最低需要16GB系统内存，如果需要使用Fusion，则至少需要32GB系统内存；
- 集成GPU或独立GPU，至少需要2GB显存，支持OpenCL 1.2和CUDA 11。

（3）Linux系统安装DaVinci 17的最低系统要求如下：

- CentOS 7.3；
- 需要32GB系统内存；
- 独立GPU，至少需要2GB显存，支持OpenCL 1.2和CUDA 11。

安装软件非常简单，按照Mac或Windows系统的一般应用程序安装方法进行安装即可，这里不再详细叙述。

说明

> 如果只想学习软件，则更低一点的配置也可以安装DaVinci 17，但可能会出现一些问题或无法流畅运行。

1.2 配置DaVinci：偏好设置

执行"DaVinci Resolve>偏好设置"命令（快捷键为Ctrl+，或Command+，，前面为Windows系统的快捷键，后面为Mac系统的快捷键，后同），如图1-9所示，打开偏好设置对话框。

图1-9

■ 1.2.1 设置语言

在偏好设置对话框中选择"用户>UI设置"选项，对话框名称变为"UI设置"，在"语言"下拉列表中选择"简体中文"选项，如图1-10所示。单击"保存"按钮。语言设置完成后，需要退出软件并重新进入才会生效。

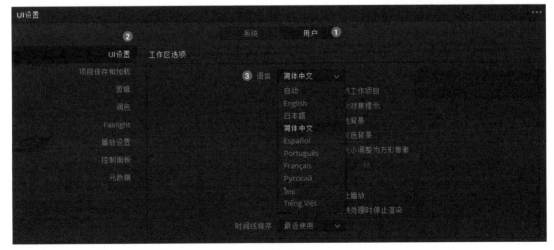

图1-10

▍1.2.2　实时保存和备份

实时保存和备份非常重要。在制作过程中有时会出现软件或系统崩溃的情况，如果不及时保存和备份，项目一旦丢失就前功尽弃了。

在偏好设置对话框中选择"用户>项目保存和加载"选项，对话框名称变为"项目保存和加载"，在"保存设置"栏中勾选"实时保存"和"项目备份"两个复选框，如图1-11所示。

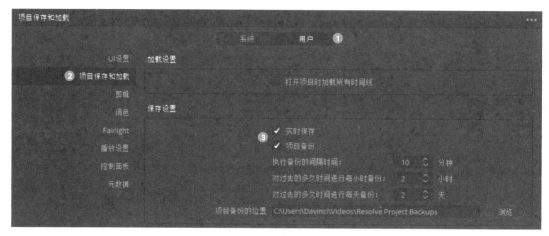

图1-11

其他选项可以保持默认设置，如有需要，可以根据项目的重要程度对备份时间和备份位置进行调整。在最新版本中，"实时保存"复选框已经默认勾选。

▍1.2.3　保存及导入用户偏好预设

用户偏好全部设置完成后，可以保存设置的参数，便于后续在同类项目中使用。单击"UI设置"对话框右上角的████按钮，在弹出的下拉列表中根据使用需求选择相应选项即可，如图1-12所示。

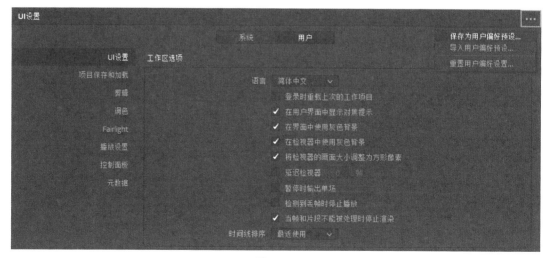

图1-12

▌1.2.4 设置GPU处理模式

DaVinci的神经网络引擎功能需要GPU的支持。下面设置GPU的处理模式。

在偏好设置对话框中选择"系统＞内存和GPU"选项，对话框名称变为"内存和GPU"。在"GPU选择"选项右侧勾选"自动"复选框，如图1-13所示，或在下方的列表中勾选性能较强的独立显卡。全部设置完成后单击"保存"按钮。

图1-13

在"GPU处理模式"选项右侧勾选"自动"复选框时，软件会自动检测并进行选择；取消勾选"自动"复选框时，用户可根据计算机的操作系统和显卡芯片对"GPU处理模式"进行手动设置，如表1-3所示。

表1-3 "GPU处理模式"的优选设置

系统	NVDIA显卡	AMD显卡
Windows	支持CUDA：选择"CUDA"选项	选择"OpenCL"选项
	不支持CUDA：选择"OpenCL"选项	
Mac	不支持	首选"Metal"选项
		可选"OpenCL"选项

需要说明的是，如果开启CUDA，则需要从NVDIA官方网站根据显卡型号下载并安装最新版的CUDA运算平台，安装成功并在软件中进行设置后，可极大提高软件处理视频的能力。使用自带的Blackmagic Raw Speed Test测试软件，对比开启CUDA前后计算机的处理能力，如图1-14所示，可发现开启CUDA后处理能力明显提高了。

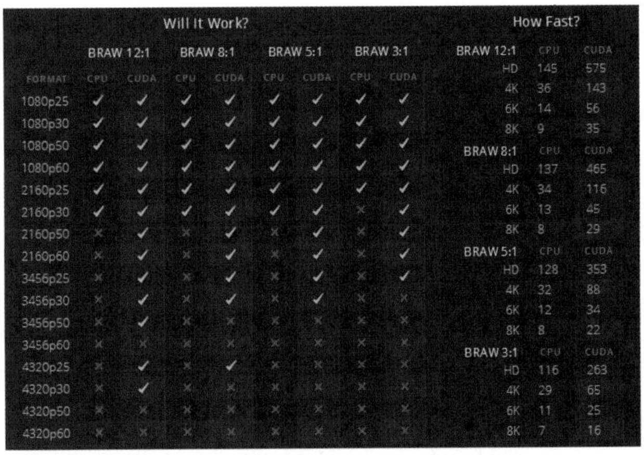

图1-14

1.2.5　修改媒体存储位置

在偏好设置对话框中选择"系统>媒体存储"选项，对话框名称变为"媒体存储"。单击"添加"或"移除"按钮，可以添加或移除软件的媒体存储路径，如图1-15所示。需要注意的是，第一个媒体存储路径用来存储系统的缓存文件，存储时可以选择速度快、容量大的磁盘，注意不能选择外部存储设备。

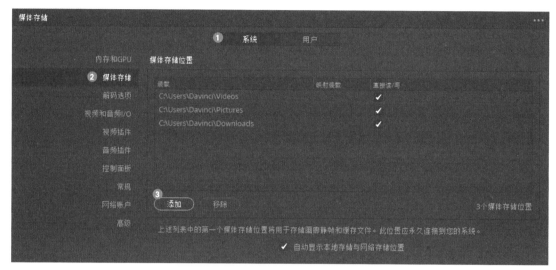

图1-15

1.2.6　了解偏好设置的其他选项

除了以上介绍的内容外，当选择"系统"标签页时，偏好设置对话框的左侧列表中还包括"解码选项""视频和音频I/O""视频插件""音频插件""控制面板""常规""网络账户""高级"等选项，如图1-16所示。当选择"用户"标签页时，偏好设置对话框的左侧列表中还包括"剪辑""调色""Fairlight""播放设置""控制面板""元数据"等选项，如图1-17所示。通常使用默认的参数设置，用户也可在后续使用过程中根据具体需要进行调整。

图1-16

图1-17

▌1.2.7 自定义键盘快捷方式

在软件操作过程中，使用者通常习惯使用快捷键完成操作。DaVinci提供了一个非常便利的设置，使用者可以根据自己的使用习惯，选择其他软件的快捷键设置。具体操作为：执行"DaVinci Resolve>键盘自定义"命令（快捷键为Ctrl+Alt+K或Command+Option+K），如图1-18所示；在弹出的"键盘自定义"对话框中，单击右上角的"DaVinci Resolve"按钮，弹出的下拉列表中有"DaVinci Resolve""Adobe Premiere Pro""Apple Final Cut Pro X""Avid Media Composer""Pro Tools"5个选项，如图1-19所示，用户可以根据自己的使用习惯，选择相应的选项。

图1-18

图1-19

1.3 使用DaVinci：项目设置及管理操作

▌1.3.1 建立数据库理念

DaVinci采用的是数据库管理方式，便于全流程分布管理，具有更好的稳定性和可靠性。在DaVinci中创建项目后，并不会像在Word或Premiere Pro中一样可以直观地看到创建的项目文件。DaVinci将项目记录在数据库中，每执行一步操作，都会给这个项目数据库增加一条记录。

这就解答了很多新手的困惑——不知道项目保存在什么地方。如果想把创建的项目导出到其他地方，可以将其以工程文件或是带素材的打包文件的形式导出，然后在项目数据库的基础上执行导出操作。后面会对项目的新建、设置及导出等操作进行详细介绍。数据库的理念体现在DaVinci的方方面面，我们从一开始就要建立起数据库的概念，这样在后面的学习中就会更加得心应手。

▌1.3.2 数据库与项目管理

首次运行DaVinci会出现"项目管理"面板，如图1-20所示。这里为了更好地讲解和演示，单击"显示或关闭数据库边栏"按钮▐，将"数据库管理"面板也显示出来。在这个面板中，可以直观地看到DaVinci的项目数据库。

1. "数据库管理"面板

"数据库管理"面板上方的按钮如图1-21所示，使用这些按钮可以对数据库进行备份和恢复等操作，也可以在一个新的项目开始时创建一个新的数据库。

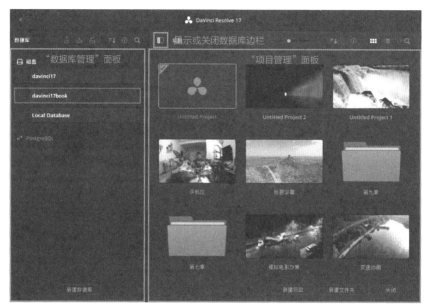

图1-20

- 备份 : 单击该按钮，会弹出备份文件路径。
- 恢复 : 单击该按钮，会弹出恢复文件路径。

图1-21

- 连接数据库 : 单击该按钮，会弹出"连接数据库"对话框，在其中可选择连接磁盘或远程数据库。
- 数据库排序 : 单击该按钮，会弹出数据库排序条件下拉列表。
- 详细信息开关 : 单击该按钮，会显示数据库连接或兼容性状态和存放路径。
- 搜索 : 单击该按钮，会弹出搜索文本框和"筛选依据"下拉列表。

2. "项目管理"面板

"项目管理"面板上方的按钮和滑块主要用来创建和管理项目，如图1-22所示。

图1-22

- 缩略图滑块  : 用来调整项目缩略图的大小。
- 排列顺序 : 单击该按钮，可调整缩略图的排列依据。
- 信息 : 单击该按钮，可显示项目分辨率、时间线、修改日期等信息。
- 缩略图视图 : 单击该按钮，项目会显示为缩略图状态。
- 列表视图 : 单击该按钮，项目会显示为详细列表状态。
- 搜索 : 单击该按钮，会显示搜索文本框和"筛选依据"下拉列表。

1.3.3 新建项目

单击"项目管理"面板底部的"新建项目"按钮，在弹出的对话框中输入项目名称，如图1-23所示，单击"创建"按钮即可创建一个新项目。此时，"项目管理"面板中会出现一个新项目的缩略图。这里不需要输入项目的存储路径，因为项目全都保存在数据库中。

图1-23

1.3.4 设置项目

项目创建完毕后，需要进行初始设置。执行"文件>项目设置"命令（快捷键为Shift+9），如图1-24所示；或者单击"设置"按钮 ，弹出"项目设置"对话框，如图1-25所示，在这里可以对项目的主要参数进行设置。

图1-24

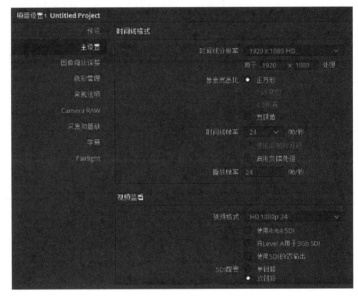

图1-25

下面介绍该对话框左侧列表中各选项的主要功能。

• 预设：选择该选项，在对话框右侧可以加载系统默认的配置文件、之前保存的配置文件，或将本次配置好的各项参数保存为配置文件方便后续使用。

• 主设置：选择该选项，在对话框右侧可以设置时间线的分辨率、帧率，监看视频格式，优化媒体和渲染媒体的编码，以及代理、缓存和静帧文件的保存位置等。特别重要的是，在项目建立之初就一定要把"时间线帧率"设置好，虽然新版软件可以在新建时间线时调整帧率，但还是建议读者养成良好的工作习惯。

• 图形缩放调整：选择该选项，在对话框右侧可以设置图像的缩放方式等参数。

• 色彩管理：选择该选项，在对话框右侧可以进行调色设置，主要设置在调色时使用哪种色彩管理方式等，该内容会在"6.1 色彩管理基础知识"一节中详细介绍。

• 常规选项：选择该选项，在对话框右侧可以设置套底、调色等基本参数。

- Camera RAW：选择该选项，在对话框右侧可以对RAW格式的文件的基本配置进行设置。
- 采集和播放：选择该选项，在对话框右侧可以对视频采集和输出参数进行设置。
- 字幕：选择该选项，在对话框右侧可以设置字幕参数。
- Fairlight：选择该选项，在对话框右侧可以设置时间线音频采样率、音频总线模式和测量基准等。

这里重点介绍一下设置"主设置"选项的操作。在"项目设置"对话框左侧列表中选择"主设置"选项，以高清格式25帧/秒为例，将"时间线格式"一样中的"时间线分辨率"调整为高清格式"1920×1080 HD"，将"时间线帧率"和"播放帧率"都调整为25帧/秒；如果有独立的视频监视器，则在"视频监看"栏中的"视频格式"下拉列表中选择"HD 1080PsF 25"选项（具体根据监看设备规格设置），如图1-26所示。

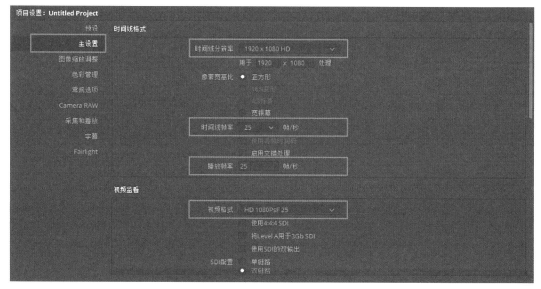

图1-26

可以将以上设置保存并作为默认配置，方便后续操作。选择"预设"选项，将"当前项目"另存为"1080P25"之后，该项目会出现在"预设"列表中，如图1-27所示。右击"1080P25"预设，在弹出的菜单中执行"保存为用户默认配置"命令。

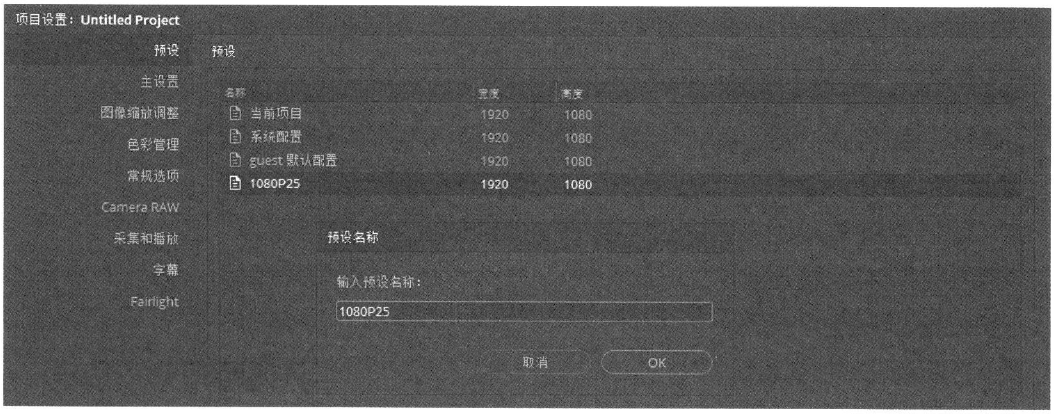

图1-27

■1.3.5　导入及导出项目

1. 导出项目文件

在"1.3.1　建立数据库理念"小节中已经提到，想要看到创建的项目文件，需要执行导出操作。执行"文件 > 导出项目"命令（快捷键为Ctrl+E或Command+E），弹出保存路径菜单，生成一个扩展名为".drp"的项目文件，这样就可以在其他计算机的DaVinci中使用该项目文件了。注意，该项目文件是不包含原始媒体文件的。

用户也可以在项目管理器中导出项目文件。打开项目管理器，在项目缩略图上右击，在弹出的菜单中执行"导出项目"命令，如图1-28所示，即可实现相同的操作。

图1-28

2. 导出带媒体文件的项目文件

如果想要将项目中使用的媒体文件一并打包输出，可以右击项目，在弹出的菜单中执行"导出项目存档"命令，如图1-29所示。在弹出的"存档"对话框中勾选"媒体文件"复选框（也可勾选"代理媒体"和"渲染缓存"复选框方便快速展开工作，但会占用一定的存储空间），如图1-30所示，单击"Ok"按钮确认。此时会生成一个扩展名为".dra"的文件夹，其中除了扩展名为".drp"的项目文件，还有"MediaFiles"文件夹，该文件夹中保存的就是项目中使用的媒体文件，如图1-31所示。

图1-29

图1-30　　　　　　　　　　　图1-31

第2章

基础操作:
"媒体" 工作区基础

本章主要讲解如何在 DaVinci 中导入媒体素材并进行整理,希望读者提高对整理媒体素材的重视程度。在学习初期素材量少,可能还没有太多问题,但在实际进行影视项目制作时,对素材格式、名称、存储位置、代理等都有严格的规范要求,读者应养成良好的工作习惯,否则将严重影响后期制作效率。

2.1 页面导航栏

DaVinci主界面底部的页面导航栏中有7个页面导航按钮，分别为"媒体""快编""剪辑""Fusion"（合成）、"调色""Fairlight"（混音）、"交付"按钮，如图2-1所示。单击页面导航按钮，即可切换到相应的工作区。

图2-1

也可以使用菜单命令或快捷键对工作区进行切换。执行"工作区 > 切换到页面"命令，单击相应的页面名称即可切换，如图2-2所示。

切换工作区的快捷键如表2-1所示。

图2-2

表2-1 切换工作区的快捷键

页面名称	快捷键	页面名称	快捷键
媒体	Shift+2	快编	Shift+3
剪辑	Shift+4	Fusion	Shift+5
调色	Shift+6	Fairlight	Shift+7
交付	Shift+8		

说明：项目管理器的快捷键是Shift+1，项目设置的快捷键是Shift+9，Windows和macOS快捷键相同。

如果想单独显示或隐藏某一个页面的导航按钮，可以执行"工作区 > 显示页面"命令，勾选或取消勾选相应的页面名称，如图2-3所示。

执行"工作区 > 显示页面导航"命令，即可显示页面导航栏，如图2-4所示，取消勾选该命令可以隐藏页面导航栏。隐藏页面导航栏后使用快捷键完成操作，可以节省页面空间。

图2-3

图2-4

2.2 "媒体"工作区简介

俗话说"巧妇难为无米之炊"，要想制作好的影视作品，当然要有好的素材。早期视频记录在胶片或磁带等媒体介质上，现在的媒体素材已经可以直接以视频文件的形式记录在存储卡等介质上，但还需要将这些媒体素材导入后期制作软件中，才能够进行剪辑、调色等操作。导入后，软件对媒体素材的操作不会影响存储在设备上的媒体素材本身。

　　"媒体"工作区可以简单划分为3个部分，如图2-5所示，主要用来导入和整理媒体素材。

图2-5

　　●"媒体存储"面板：主要用来查看计算机或外置存储设备上的媒体素材。

　　●"检视器"面板：主要用来查看媒体素材并设置入点和出点。

　　●"媒体池"面板：媒体素材只有导入媒体池中，才能被DaVinci加工使用；在这里可以对导入的媒体素材进行整理，方便后期工作。

2.3 "媒体存储"面板的功能及操作

　　下面介绍"媒体存储"面板，可以将其简单理解为Windows系统的资源管理器和Mac系统的访达，该面板主要有以下功能。

▌2.3.1 从浏览器中查找素材

"媒体存储"面板的左侧显示的是存储设备的路径列表，右侧显示的是具体的文件夹和媒体文件，如图2-6所示。

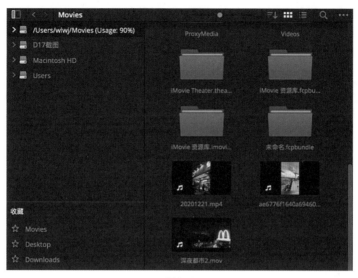

图2-6

可以在左侧的列表中多预设一些文件路径，方便后续操作。在偏好设置对话框中选择"系统>媒体存储"选项，单击"添加"按钮，选择文件路径即可完成文件路径设置，如图2-7所示。保存偏好设置后，文件路径会自动出现在左侧的列表中，如果没有出现，可以右击任意文件路径，在弹出的菜单中执行"刷新"命令，或者重新启动软件。

> **技巧**
>
> 要预设文件路径，也可以在"媒体存储"面板左侧的文件路径列表的空白处右击，在弹出的菜单中执行"添加新的文件位置"命令，在弹出的对话框中直接选择文件路径。

图2-7

▌2.3.2 将文件路径添加到"收藏"列表

可以将列表中的文件路径直接拖曳到其下部的"收藏"列表中，这样调用文件路径就更加方便快捷了，如图2-8所示。

图2-8

▌2.3.3 使用缩略图模式或列表模式

在"媒体存储"面板上方的工具栏中，可以切换缩略图模式和列表模式。缩略图模式更加直观，列表模式更能够展现媒体素材的详细信息。单击工具栏中的"缩略图"按钮▦或"列表"按钮☰即可进行切换，如图2-9所示。

图2-9

2.3.4 搜索并筛选媒体文件

单击"媒体存储"面板顶部工具栏中的"搜索"按钮 🔍，面板中会出现搜索文本框和"筛选依据"下拉列表，可以在文本框中输入搜索内容，还可以在"筛选依据"下拉列表中按照"名称""分辨率""修改日期""影片片段"等类别查找需要的素材，如图2-10所示。

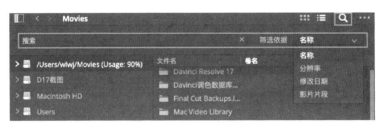

图2-10

2.3.5 独立显示序列图片

在浏览一组名称中有连续数字的图片时，软件会将其显示为一个视频片段，那么如何单独显示每一张图片？只需要单击"媒体存储"面板顶部工具栏右侧的"设置"按钮 ⋯⋯，在弹出的下拉列表中选择"帧显示模式"中的"单个"选项即可，如图2-11所示。

图2-11

2.4 "媒体池"面板的功能及操作

媒体素材只有导入"媒体池"面板后才能被软件识别并使用。"媒体池"面板不是"媒体"工作区独有的，可以把它理解成一个冰箱，里面装着做菜用的各种食材。导入"媒体池"面板的媒体素材被称为媒体片段。

▌2.4.1 导入媒体素材

将媒体素材导入"媒体池"面板的基本操作有以下4种。

方法一：通过菜单导入。执行"文件>导入>媒体"命令，在弹出的对话框中选择路径和要导入的媒体文件，并单击"打开"按钮。

方法二：右击"媒体池"面板空白处，在弹出的菜单中执行"导入媒体"命令。

方法三：使用快捷键Ctrl+I（或Command+I）导入。

方法四：将媒体素材直接从"媒体存储"面板拖曳到"媒体池"面板中，如图2-12所示。这是最简单、最直观的导入方法。

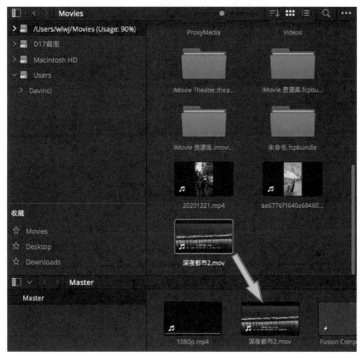

图2-12

▌2.4.2 使用媒体夹

"媒体池"面板中的媒体片段的种类、数量都很多，特别是在制作大型项目时，音频、视频、图片等各类文件的数量非常庞大。读者一定要养成整理媒体片段的好习惯，这样在工作时才能事半功倍，并为后续的剪辑、调色等工作打好基础。

媒体片段的分类方式有很多种，可以根据项目要求、主题风格、素材内容、时间节点等进行分类。最基本的方式是用媒体夹（类似文件夹）进行分类。

具体操作方法有3种：执行"文件>新建媒体夹"命令；在"媒体池"面板左侧的媒体夹列表空白处右击，在弹出的菜单中执行"新建媒体夹"命令；使用快捷键Ctrl+Shift+N或Command+Shift+N。

新建媒体夹后，可以将"媒体池"面板中需要整理的媒体片段拖曳到其中，也可以复制后再粘贴。复制"媒体池"面板中的媒体片段并不是复制存储设备中的媒体素材，不会过多占用存储空间。

媒体夹可以使用颜色进行标记。具体操作为：在左侧的媒体夹列表中右击媒体夹名称，在弹出的菜单中执行"颜色记号"命令并选择相应的颜色，如图2-13所示，效果如图2-14所示。单击"媒体夹列表"按钮右侧的下拉按钮，会出现"全部显示"选项和颜色列表，如图2-15所示，选择相应颜色即可实现按颜色分类查找媒体夹。

图2-13

图2-14

图2-15

2.4.3 使用智能媒体夹

使用智能媒体夹能够根据设置的条件，将媒体片段自动归类，非常便捷。

1. Keywords（关键词）

使用智能媒体夹中的"Keywords"选项，系统会按照媒体片段的"关键词"将其自动整理并显示，双击"Keywords"会显示所有关键词列表。执行"媒体片段>元数据>镜头与场景>关键词"命令，可录入关键词，如图2-16所示。

图2-16

2. 创建智能媒体夹

执行"文件>新建智能媒体夹"命令或右击智能媒体夹列表，在弹出的菜单中执行"添加智能媒体夹"命令，在弹出的设置窗口中，将"名称"设置为"视频"，单击"+"按钮，再添加一个搜索条件，具体参数设置如图2-17所示。匹配条件"任一"指满足这两个条件中的任何一个即可。最后一列下拉列表中的"视频"指无声音的视频片段，"视频+音频"指有声音的视频片段。这样，该"视频"智能媒体夹自动挑选出了"媒体池"面板中的全部视频片段。如果希望该智能媒体夹在所有项目中都显示，可以勾选右上方的"在所有项目中显示"复选框。

图2-17

1. 在创建智能媒体夹时,"媒体池"面板中的媒体片段会根据当前设置的条件动态调整,可以直观地判断设置的条件是否准确。
2. 创建智能媒体夹并不会改变原媒体片段在"媒体池"面板中的位置。

使用同样的方法,再分别创建"图片""音频""时间线"智能媒体夹,只需要在最后一列下拉列表中分别选择"静帧""音频""时间线"即可,记得勾选右上方的"在所有项目中显示"复选框,方便在所有项目中使用,创建完成后的效果如图2-18所示。

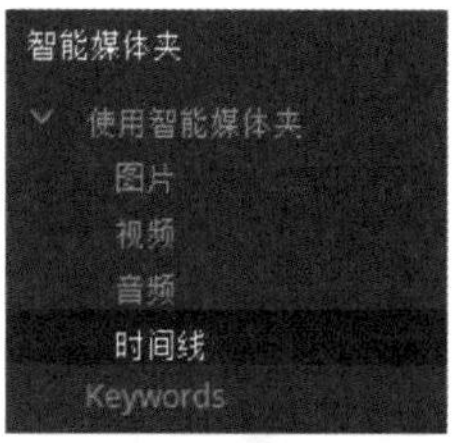

图2-18

1. "在所有项目中显示"复选框是DaVinci 17新增的,勾选该复选框后,创建的智能媒体夹会自动在所有项目中显示出来,并出现在"Keywords"选项的上方。如果取消勾选该复选框,则智能媒体夹仅适用于本项目,并出现在"Keywords"选项的下方。
2. 智能媒体夹创建完成后,如果需要修改,只需要在左侧列表中双击该智能媒体夹名称的左右两侧(注意,双击名称是修改该智能媒体夹的名称),或在该智能媒体夹上右击,在弹出的菜单中执行"编辑"命令弹出条件设置窗口,直接在其中进行修改操作。

2.4.4 元数据视图显示模式

元数据视图显示模式是DaVinci 17新增的功能。单击"媒体池"面板顶部的"元数据视图"按钮■,"媒体池"面板中的媒体片段可按照所选的元数据信息排列,显示为规整的缩略图和标签状态,如图2-19所示。如果想更换顶部选项的排序方式,可以单击"排序"按钮■,打开的下拉列表如图2-20所示,依据个人需要,在其中选择相应的选项。

图2-19

图2-20

2.4.5 查看媒体片段信息

在"媒体池"面板中的媒体片段上右击,在弹出的菜单中执行"片段属性"命令,在弹出的对话框中可以看到"视频""音频""时间码""名称"4个标签,如图2-21所示。

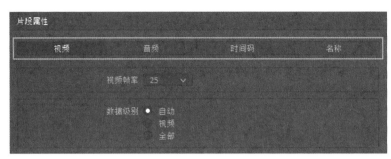

图2-21

"视频"标签页可以用来查看和修改视频片段的帧率（专业用户注意，这里的计算方法与拖入时间线修改视频片段帧率的计算方法不完全相同）、方向、大小等。

"音频"标签页可以用来修改音频格式和音频的内嵌声道等，这些设置在处理音频时非常重要。

"时间码"标签页可以用来调整时间码的偏移参数。

"名称"标签页可以用来修改媒体片段在"媒体池"面板中的名称（这一操作不影响存储设备中的媒体素材的名称）。媒体片段的名称也可以双击进行修改，如图2-22所示。

图2-22

2.4.6　恢复丢失链接的媒体片段

图2-23

如果媒体素材在存储设备中变更了位置，则"媒体池"面板中的媒体片段会显示红色标记，如图2-23所示，说明媒体素材和媒体片段之间的链接丢失了。恢复链接的方法有很多，除以下两种外，DaVinci 17还增加了"恢复链接"按钮，在"快编"和"剪辑"工作区中的"媒体池"面板中可以看到。

方法一：右击丢失链接的媒体片段，在弹出的菜单中执行"更改源文件夹"命令，如图2-24所示。在弹出的对话框中单击"更改为"右侧的"浏览"按钮，如图2-25所示，在弹出的对话框中选择媒体素材的新存储路径。

图2-24

图2-25

方法二：右击丢失链接的媒体片段，在弹出的菜单中执行"重新链接所选片段"命令，在弹出的对话框中选择媒体素材的新存储路径。

2.5 "检视器"面板的功能及操作

"检视器"面板起到视频播放器的作用，但其功能不只是视频播放器，将其理解成带视频播放器的操作面板更准确。用户可以在"媒体存储"或"媒体池"面板中双击媒体素材或媒体片段进行查看，也可以将媒体缩略图直接拖曳到"检视器"面板中以查看媒体片段，如图2-26所示。

图2-26

▌2.5.1 基本播放功能及快捷操作

"检视器"面板下方有几个基本的播放按钮，如图2-27所示，从左至右依次为"跳到首帧""反向播放""停止""播放""跳到尾帧""循环"按钮。

图2-27

播放控制的常用快捷键如表2-2所示。

表2-2　播放控制的常用快捷键

快捷键	效果
L键	播放
K键	停止播放
J键	反向播放
连续按L键	以2倍、4倍、8倍、16倍、32倍、64倍的速度播放
连续按J键	以2倍、4倍、8倍、16倍、32倍、64倍的速度反向播放
Shift+L	快速播放
Shift+J	快速反向播放
Shift+K	以0.5和0.25的倍速慢放
按住K+L键	慢速播放
按住K+J键	慢速反向播放
按住K键并按L键或者→键	正向逐帧播放
按住K键并按J键或者←键	反向逐帧播放

■ 2.5.2　调整显示比例及全屏显示

　　"检视器"面板的左上角有"显示比例"下拉列表，可在其中选择相应的比例数字，通常选择"适配"选项，如图2-28所示。如果想要全屏播放，可以执行"工作区>检视器模式>影院模式检视器"命令（快捷键为P、Ctrl+F，或Command+F），如图2-29所示。

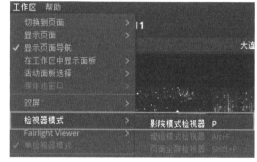

图2-28　　　　　　　　　　　　　图2-29

■ 2.5.3　时间码基础知识及操作

　　时间码由4组两位数组成，格式为00:00:00:00，4组数字分别代表时、分、秒和帧。在通过时间码进行定位操作时，只需要在"检视器"面板顶部右侧的时间码上双击，然后直接输入绝对时间码数字，如表2-3所示，或输入相对运算符加数字，如表2-4所示。

表2-3　绝对时间码数字

原始时间码	输入数字或符号	新时间码
00:00:00:00	12345678	12:34:56:78
00:00:00:00	5	00:00:00:05
00:00:00:00	5566	00:00:55:66
00:00:00:00	5.5	00:00:05:05
00:00:00:00	5..	00:05:00:00
00:00:00:00	1234..	12:34:00:00

表2-4　相对运算符加数字

输入符号或数字	结果
+10	在当前时间码上加10帧
+10.	在当前时间码上加10秒
-10..	在当前时间码上减10分

■ 2.5.4   使用慢搜轮精准定位素材

"慢搜轮"按钮  位于"静音"和"跳到首帧"按钮之间。按住中心圆点不放,向左或向右拖曳鼠标,可逐帧移动播放头,拖曳距离越远,播放头移动越快。这样可以方便地快速定位。

■ 2.5.5   音频波形显示操作

单击"检视器"面板右上角的"设置"按钮 ███,会出现"设置"下拉列表,如图2-30所示。

选择"显示放大的音频波形"选项,"检视器"面板的底部会出现局部放大的音频波形,如图2-31所示。播放音频时,红色的播放头不动,音频片段的播放头移动。

图2-30

如果选择"显示全片段的音频波形"选项,"检视器"面板的底部会出现媒体片段全部段落的音频波形,如图2-32所示。播放音频时,音频的播放头与视频片段的播放头同步移动。

图2-31

图2-32

打开"检视器"面板左下角的"显示内容"下拉列表,选择"音轨"选项 ███,"检视器"面板中会显示音频波形。最上面显示的是整个媒体片段的音频波形,下面显示的是双声道局部放大的音频波形,放大倍数可以在"检视器"面板左上角的"比例"下拉列表中选择,如图2-33所示。

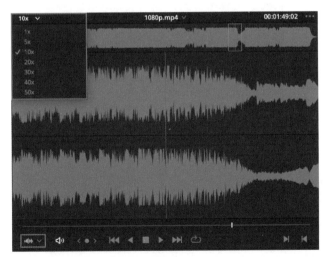

图2-33

■ 2.5.6   设置入点和出点以便截取部分片段

要在媒体片段上截取需要的片段,可以通过在片段两端分别单击"标记入点"按钮 ▶(快捷键为I)和"标记出点"按钮（快捷键为O）来实现，如图2-34所示。

图2-34

想要调整入点和出点的位置，可以直接拖曳两头的小圆点，也可以在新的位置直接设置。如果想取消入点和出点，则可以直接使用快捷键：取消入点的快捷键为Alt+I或Option+I，取消出点的快捷键为Alt+O或Option+O，全部取消的快捷键为Alt+X或Option+X。

> **技巧**
>
> 右击"检视器"面板的时间轴，除了可以实现上述功能，还可以为媒体片段的视频和音频单独设置入点和出点，以及设置标记点和标记时长等。

2.6 "音频"面板的功能及操作

在工具栏中单击"音频"按钮 ♫ 音频，会显示音频波形信息。

▌2.6.1 音频表

在播放媒体片段时，"音频表"标签页中会动态显示媒体片段的音量大小，如图2-35所示。

图2-35

▌2.6.2 波形示波器

通常在播放媒体片段时，"波形示波器"标签页中会显示波形，其效果与在"检视器"面板中播放媒体片段的效果类似,如图2-36所示。

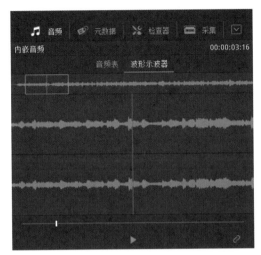

图2-36

2.7 "元数据"面板的功能及操作

"元数据"面板用来查看与修改媒体片段的基本参数信息。在工具栏中单击"元数据"按钮 <kbd>元数据</kbd>,可以看到所选媒体片段的视频编码、帧速率、分辨率、音频编码及时间码等详细信息。单击右上方的按钮 <kbd>≡↓</kbd>,会弹出更多元数据信息,如图2-37所示,部分信息可以在"元数据"面板中修改、添加。

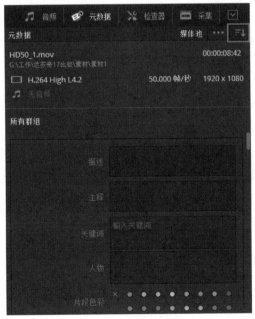

图2-37

2.8 "检查器"面板的功能及操作

"检查器"面板主要用来设置各类参数。单击工具栏中的"检查器"按钮 <kbd>检查器</kbd>，即可展开"检查器"面板，如果"检查器"面板只显示了一半，可以单击右上角的"扩展"按钮 <kbd>☑</kbd>（再次单击即可收缩）。

DaVinci 17将"检查器"面板划分为"视频""音频""效果""转场""图像""文件"6个标签页，而且"检查器"面板可以在除"交付"外的每一个工作区中使用（DaVinci 16中的"检查器"面板只有在"剪辑"和"Fusion"工作区中才可以使用，而且只有"视频"和"效果"标签页）。用户可以随时在工作区中调出"检查器"面板并使用，非常便捷。

下面对这6个标签页进行简要介绍，具体的参数设置在后续相应的章节中进行说明。

- 视频：该标签页用于修改视频片段的大小、不透明度、速度等，主要包括"变换""智能重新构图""裁切""动态缩放""合成""变速""稳定""镜头校正""变速与缩放设置"等控件，如图2-38所示。其中"智能重新构图"是DaVinci 17的又一个智能化的新功能。

- 音频：该标签页包含用于调整音频片段的常用音频控件，包括"音量""声像""音调""变速""均衡器"等控件，如图2-39所示。如果使用音频控件，则其参数设置会出现在"效果"标签页。

图2-38

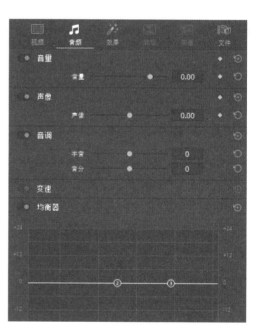

图2-39

- 效果：给某个媒体片段添加任何效果后，其参数设置均在这里进行。根据类型不同，"效果"标签页可分为"Fusion""Open FX""音频"3个子标签页，如图2-40所示。如果剪辑没有使用相应的效果，则此标签页将变暗。

- 转场：该标签页可以用于调整选定的转场效果的参数，如图2-41所示，可以在"转场类型"下拉列表中直接更改转场类型。

图2-40

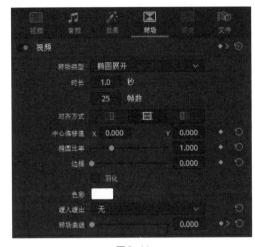

图2-41

● 图像：该标签页比较特殊，虽然这里称之为"图像"，但其并不只是针对静态图像的，该标签页可用来查看带有RAW原始数据的视频片段或静态图像，例如用BMD摄像机记录的BRAW视频片段或用单反相机拍摄的RAW图像等。可以修改相关参数来调整媒体片段的效果，如图2-42所示。在"调色"工作区中可以进行同样的操作，相关内容将在第6章进行详细介绍。

● 文件：该标签页用于查看和编辑媒体片段的元数据，由片段细节和"元数据"两部分组成，如图2-43所示。例如要修改媒体片段的"场景""镜头""镜次"数据，可以在"媒体池"面板中选中待修改的媒体片段，然后对"检查器>文件"中的"场景""镜头""镜次"参数进行修改。如果该镜头较好，则可以勾选"好镜次"复选框，这样剪辑人员就明了了。用户还可以在这里为媒体片段设置色彩或修改名称等。

图2-42

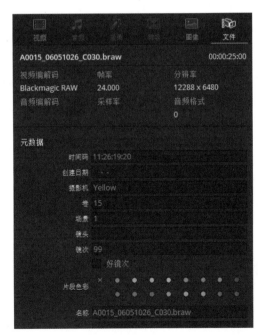

图2-43

2.9 为媒体片段加速"瘦身"

当使用电影摄像机拍摄原生视频或超高清视频并对其进行剪辑等操作时，低性能的计算机会产生播放卡顿、操作响应迟缓等现象。使用对媒体片段进行优化处理或生成代理替身等方法，既能满足视频制作的需求，又能提升制作效率。

DaVinci中提升性能的方法主要有4种：时间线代理、缓存片段、优化媒体和代理媒体。为了让读者有一个基本的认识，这里会进行简单介绍，其中可能涉及一些其他工作区的操作或视频编码知识，在后续的学习中会进行详细介绍。

在DaVinci 17中，代理和优化媒体均可以进行详细的参数设置。4种提升性能的方法的使用场景如下。

- 时间线代理：在"检视器"面板中播放媒体片段非常缓慢。
- 缓存片段：需要实时回放一些已经被添加了很多效果的媒体片段。
- 优化媒体：需要实时回放所有源媒体片段，但只在本机上进行编辑与使用。
- 代理媒体：需要实时回放所有源媒体片段，需要与其他用户、程序或外部存储位置协作并共享媒体片段。

下面进行详细的介绍。

▌2.9.1 代理媒体

代理媒体通常使用更高的压缩编码、更低的分辨率生成代理视频，可以将其理解成源媒体片段的小替身。具体操作如下。

1 设置代理媒体：执行"文件>项目设置"命令（快捷键为Shift+9），或单击主界面右下角的"设置"按钮 ⚙️，选择"主设置>优化的媒体和渲染缓存"选项，在"代理媒体的分辨率""代理媒体的格式"下拉列表中进行设置，如图2-44所示。

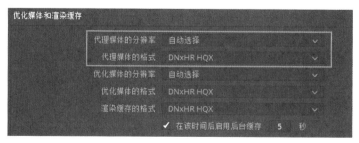

图2-44

2 生成代理媒体：在"媒体池"面板中右击"媒体片段"选项，在弹出的菜单中执行
"生成代理媒体"命令；如果已经有生成的代理媒体，可以直接执行"链接代理媒体"
命令，如图2-45所示。

图2-45

3 查看代理媒体：在"媒体池"面板中选择列表显示模式，在列表中右击，在弹出的菜单中执行"代理"和
"代理媒体路径"命令，即可在"媒体池"面板中看到代理文件的分辨率和路径信息，如图2-46所示。

4 播放代理媒体：执行"播放>当可用时使用代理媒体"命令，如图2-47所示，在"检视器"面板中即可播放
媒体片段的代理媒体。

图2-46 图2-47

在"检视器"面板中播放将原始素材和分辨率压缩四分之一后的代理素材,并使用300%比例显示,效果如图2-48所示。虽然放大后会影响显示效果,但按正常比例播放时的显示效果可以接受,而且极大地提高了播放时的流畅度和工作效率。

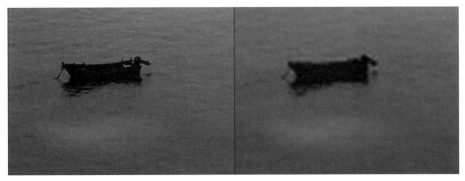

图2-48

5 导出代理媒体:按照1.3.5小节中介绍的导出项目文件的方法,右击项目缩略图,在弹出的菜单中执行"导出项目存档"命令,在弹出的窗口中勾选"代理媒体"复选框,如图2-49所示。用户可以在其他计算机上使用导出的项目文件和代理媒体直接进行后期操作。

6 使用代理媒体输出视频:通常默认使用原始素材进行交付输出工作,如果需要输出小样片,则可使用代理媒体。在"交付"工作区的"渲染设置"面板的"高级设置"栏中勾选"使用代理媒体"复选框,如图2-50所示。

图2-49 图2-50

■ 2.9.2 优化媒体

优化媒体是指以更优的媒体格式和更高的分辨率进行编辑，从而使视频的制作过程更加流畅、高效。在编辑过程中，可以随时切换到原始媒体状态。在最终输出视频时可以使用原始的媒体素材进行输出，以确保输出视频的质量。

在DaVinci 17中，优化媒体的操作与代理媒体的操作基本类似，但优化媒体不像代理媒体是独立出来的，它只能在内部使用。如果为一个项目中的某个片段创建了优化媒体，则优化媒体将自动用于同一个数据库中的任何其他项目中。并不是有了代理媒体，优化媒体就没有用了，优化媒体提供了一种可被本机使用的优化模式，如果本机性能较低，则可以为优化媒体设置更高的压缩编码。下面介绍优化媒体的具体操作。

设置优化媒体：执行"文件>项目设置"命令，选择"主设置"选项，找到"优化媒体和渲染缓存"栏，在"优化媒体的分辨率""优化媒体的格式"下拉列表中选择更低的分辨率和格式，便于实现流畅的剪辑等操作，如图2-51所示。

图2-51

生成优化媒体：在"媒体池"面板中右击媒体片段，在弹出的菜单中执行"生成优化媒体"命令。

播放优化媒体：执行"播放>当可用时使用优化媒体"命令，即可在"检视器"面板中播放优化媒体。

使用优化媒体输出视频：优化媒体是无法独立输出的，但可以使用优化媒体输出小样等，只需在"交付"工作区的"渲染设置"面板的"高级设置"栏中勾选"使用优化媒体"复选框。

■ 2.9.3 时间线代理

时间线代理是指在使用"检视器"面板播放时，利用DaVinci与分辨率的不相关性，执行"播放>时间线代理模式"命令，简单、快速地降低分辨率，提高播放性能。其子菜单中包括"关闭""Half Resolution"（二分之一分辨率）、"Quarter Resolution"（四分之一分辨率）3个命令，如图2-52所示。

图2-52

■ 2.9.4 缓存片段

当媒体片段中增加了算法比较复杂的效果或是增加了较多的效果时，会产生严重的卡顿，即使使用较高的配置，可能也难以解决，这时需采用缓存片段来解决。

缓存片段启用开关:执行"播放>渲染缓存"命令(快捷键为Alt+R或Option+R),在其子菜单中执行"无""智能"或"用户定义"命令,如图2-53所示。

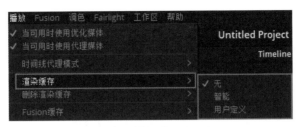

图2-53

- 无:不启用缓存片段。
- 智能:由DaVinci智能判断需要缓存的片段,保证媒体片段顺畅播放。
- 用户定义:用户手动定义需要启用的缓存片段,或启用在缓存设置中勾选了"在用户模式下自动启用缓存"复选框的媒体片段。

需要注意的是,当媒体片段上的效果的参数调整后,该媒体片段会重新生成缓存片段。

如果计算机的性能较好,则入门用户可以执行"智能"命令,进阶用户知道哪些媒体片段需要缓存才能看到真实的效果、哪些不需要实时缓存,因此可以执行"用户定义"命令。

缓存片段的设置:执行"文件>项目设置"命令,选择"主设置"选项,找到"优化媒体和渲染缓存"栏,在"渲染缓存的格式"下拉列表中可以对视频的编码格式进行设置,如图2-54所示。

图2-54

- 在该时间后启用后台缓存 x 秒:设置在无操作多少秒后自动启动渲染缓存操作。
- 在用户模式下自动缓存转场:带有过渡效果的媒体片段在"用户定义"模式下自动进行缓存。
- 在用户模式下自动缓存合成:合成效果片段在"用户定义"模式下自动进行缓存。
- 在用户模式下自动缓存Fusion效果:Fusion合成效果片段在"用户定义"模式下自动进行缓存。

2.10 使用场景剪切探测器获取视频片段

场景剪切探测器是DaVinci的一个非常有特色的智能化工具,其主要功能是将一段视频按照其镜头位置智能切割成独立的多个视频片段,以便对每个单独镜头进行调色等操作。当然智能切割的效果并不一定非常完美,例如,如果两个视频片段之间添加了转场过渡,就很难找到切割点,此时就需要配合进行一些手动调整。

在"媒体存储"面板（注意不是"媒体池"面板）中选择准备进行切割的视频，执行"工作区>场景剪切探测器"命令，或右击场景剪切探测器，弹出图2-55所示的工作面板，单击左下角的"自动场景探测"按钮开始切割。

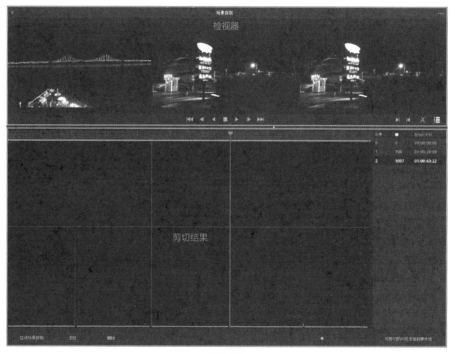

图2-55

工作面板的上部分是一组三联的检视器，2号检视器显示的是切割点的那一帧，1号检视器显示的是切割点的前一帧，3号检视器显示的是切割点的后一帧。可以这样理解，如果1号图像和2号、3号图像不同，2号和3号图像相同，则证明切割点是准确的。

工作面板的下部分可分为3个区域：主区域的红色垂直线条是播放头；绿色垂直线条表示探测出来的切割点位置，其长短表示匹配程度，绿色垂直线条越长，表示越符合切割点条件；紫色水平线条可上下拖曳，在其以上的切割线（绿色）会将媒体片段切割，在其以下的切割线（灰色）不会切割媒体片段；右侧区域的数据是切割点时间码；底部区域有一些工具按钮。

在完成自动场景探测后，需要逐一查看切割点是否准确，简单的操作是在右侧区域的第一组数据上单击，看是否符合刚刚讲过的图像判断标准。然后按↓键，自动跳到第二个切割点，以此类推。可以单击底部的"添加"或"删除"按钮，手动设置切割点。

切割点设置完毕后，单击"将剪切的片段添加到媒体池"按钮，在"媒体池"面板中会出现切割好的多个视频片段，如图2-56所示。

图2-56

> **技巧**
>
> 　　在完成切割后，还可以单击工作面板右上角的“设置”按钮，在弹出的下拉列表中选择“保存EDL”（简单理解成一种时间线格式）选项，如图2-57所示。然后在“媒体池”面板中导入该视频片段，执行“文件>导入>预套底EDL”命令，这样就可以将多个视频片段组合在一条切割好的时间线中，如图2-58所示。
>
>
>
> 图2-57
>
>
>
> 图2-58

2.11　使用克隆工具实现部分DIT功能

　　DIT是Digital Imaging Technician的缩写，指数字影像工程师。DIT掌管着最核心的数字影像资源，其平时的工作看上去就是把用各种设备录制的视频、音频等资源存储在磁盘阵列上，但其实并没有这么简单，管理是否科学直接决定着投入经费的多少、工作效率的高低及数据是否安全等。这里不讲解此内容，只介绍DaVinci克隆工具的使用场景。

　　在“检视器”面板顶部的工具栏中单击“克隆工具”按钮，弹出作业面板，单击“添加作业”按钮，出现“作业1”，如图2-59所示。直接将“媒体存储”面板中的待复制文件夹或路径拖曳到“源”区域，然后找到要复制到的文件夹或路径，将其拖曳到“目标”区域，即可完成一项作业。“源”只能有一个，“目标”可以有多个，作业也可以有多个。完成后单击“克隆”按钮开始复制工作。

图2-59

可能有的读者会问，直接用系统自带的复制粘贴操作就好，为什么要采取这种方式？这里可以看一下使用克隆工具复制完成的文件夹，在完成媒体素材复制的同时，生成了一个以md5开头的文件，如图2-60所示。通过该文件，可以使用专门的软件比较复制前后的一致性。虽然个人用户平时可能不会用到这个功能，但其对DIT工作却是极其必要的。

DJI_0038.MOV   md5sums.txt

图2-60

2.12 使用媒体文件管理进行复制和转码

"媒体文件管理"是一个集成式的管理媒体文件的对话框。若要对媒体素材进行操作，则先在"媒体存储"面板中将待处理的文件选中，然后执行"文件>媒体文件管理"命令，弹出的对话框如图2-61所示。顶部的3个标签"整个项目""时间线""片段"分别表示待操作的媒体素材范围。第二行"复制"和"转码"两个子标签表示对媒体素材的操作。单击"浏览"按钮，可以选择媒体素材输出到的目标文件夹的位置。下面的几个选项根据上部所选标签的不同，具体内容也会不同。选择"转码"子标签，下面会增加音/视频编码设置选项，基本上按照其字面意思理解即可，底部会出现操作前后文件大小的对比。全部设置完成后，单击"开始"按钮。

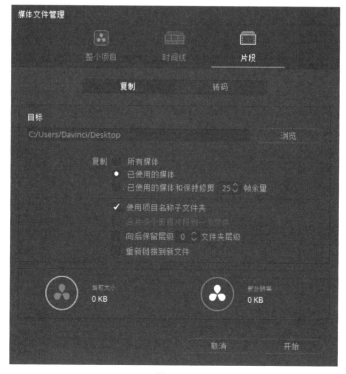

图2-61

2.13 综合实例：打造自己的媒体仓库

本实例将通过"媒体"工作区导入需要的各类媒体素材，并进行归类整理。

1 在项目管理器（快捷键为Shift+1）中新建一个项目，命名为"媒体仓库"。

2 在"项目设置"对话框中选择"主设置"选项，在"时间线格式"栏中，将分辨率设置为"1920×1080HD"，将帧率设置为"25"。

3 在"媒体存储"面板中找到"素材1"所在的文件夹，将媒体素材全部选择后拖曳到"媒体池"面板中。

4 在"媒体池"面板顶部的工具栏中，拖曳滑块将缩略图放大，便于查看。按住Ctrl或Command键，选择有大海的几张图片，单击"检视器"面板右上方的"元数据"按钮。在"元数据"面板的右上方单击按钮🔽，在弹出的下拉列表中选择"镜头与场景"选项，在"关键词"文本框中添加"海边""户外"关键词，每添加一个关键词就按一次Enter或Return键确认，如图2-62所示。

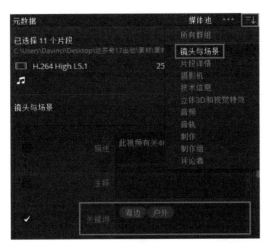

图2-62

5 使用同样的方法勾选商场中的镜头，并将关键词设置为"商场""室内"；勾选校园中的镜头，将关键词设置为"校园""户外"；勾选长城的镜头，将关键词设置为"长城""户外"；勾选壶口瀑布的镜头，将关键词设置为"壶口瀑布""户外"。

6 按照2.4.3小节中介绍的方法，创建"图片""视频""音频""时间线"等类型的智能媒体夹，如图2-63所示。在本实例中，创建按照分辨率和帧率分类的"4K""高清""50帧""25帧"等智能媒体夹。

图2-63

全部设置完成后，智能媒体夹列表如图2-64所示。单击任意一个智能媒体夹名称即可自动筛选出需要的媒体片段，单击Master根目录可以查看全部的媒体片段。

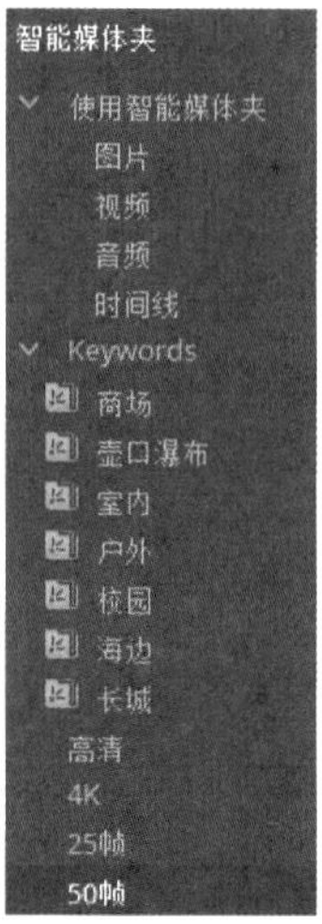

图2-64

> **说明**
>
> 智能媒体夹并不受媒体片段放在哪个媒体夹中影响，例如将全部的媒体片段都放置到"素材1"媒体夹中，任意单击需要的分类名称，同样会出现全部符合条件的媒体片段。

下面介绍一个DaVinci 17的智能化功能：可以按照视频片段中的人物对其进行自动识别管理。在"媒体池"面板中选择带有人物的视频片段后右击，在弹出的菜单中执行"分析片段查找人物信息"命令，在完成分析后，会弹出"人物"面板，并自动按照查找出的人物的头像进行分类，如图2-65所示。分类的片段会被自动添加到"人物"关键词中，如图2-66所示。

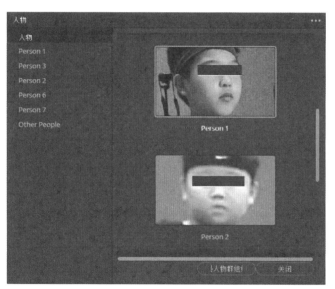

图2-65

图2-66

这里还可以为相同的人物分类设置名称。进入人物分类后，在人物视频片段上右击，可以将其移动到已有的人物分类或新建的人物分类中。当然也可以将"人物"关键词显示到智能媒体夹列表中，如图2-67所示。在偏好设置对话框中选择"用户>剪辑>自动智能媒体夹"选项，勾选"为人物数据自动创建媒体夹"复选框即可。

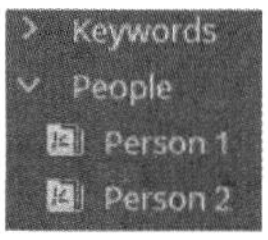

图2-67

> **说明**
>
> 1. 如果对静态图片使用此智能化功能，则效果并不理想。
> 2. 如果DaVinci中出现无法输入中文的情况，则可以在其他应用程序（如"记事本"）中输入内容后，再将其复制粘贴到DaVinci中需要输入中文的地方。

第3章

基础操作：
"剪辑" 工作区基础

03

"剪辑" 工作区是视频制作软件的 "主战场"，但是剪辑并不是 DaVinci 的强项，通常需要用其他视频制作软件完成素材的剪辑之后，再将素材导入 DaVinci 完成调色。随着 DaVinci 的快速发展与完善，其剪辑功能也日趋完善，DaVinci 17 的转场、特效等都支持缩略图实时预览，各种插件也越来越丰富。该软件从专业性向易用性不断迈进，吸引更多用户使用它进行一体化全流程制作。

3.1 "剪辑"工作区简介

　　"剪辑"工作区主要包括"媒体池""检视器""检查器""时间线""元数据"等面板，以及上部的工作区面板按钮和下部的页面导航栏，如图3-1所示。面板可以进行动态开关，部分面板跟"媒体"工作区的面板相同。

图3-1

3.2 "媒体池"面板的功能及操作

　　"剪辑"工作区的"媒体池"面板的基本功能和"媒体"工作区的"媒体池"面板的基本功能相同。DaVinci 17新增了一个"恢复链接"按钮 ，相关知识在"2.4.6 恢复丢失链接的媒体片段"小节中已经讲过，这里只是又多了一种恢复链接的方式。当链接丢失时，媒体片段缩略图会显示红色标记，该按钮同时被激活，如图3-2所示。单击"恢复链接"按钮，弹出的对话框如图3-3所示；单击"Locate"按钮，在弹出的对话框中可以选择丢失链接的媒体片段所在的新路径。如果记不清路径在哪里，可以单击"Disk Search"按钮进行全盘搜索。

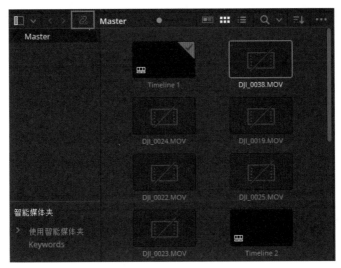

图3-2

图3-3

3.3 "检视器"面板的功能及操作

3.3.1 单/双检视器模式切换

"剪辑"工作区的"检视器"面板可以切换双检视器模式和单检视器模式。在双检视器模式中，左侧显示源片段内容，右侧显示时间线内容，如图3-4所示。在单检视器模式中只显示一个"检视器"面板。在双检视器模式中，左侧为"源片段检视器"面板，右侧为"时间线检视器"面板。可以根据具体选择的播放状态自动切换模式，也可手动切换模式（快捷键为Q）。同样地，让"检视器"面板全屏显示的快捷键为P或Ctrl+F（或Command+F）。

设置双检视器模式或单检视器模式有以下几种方法。

（1）执行"工作区 > 重置用户界面布局"命令，恢复默认的双检视器模式。

（2）执行"工作区 > 单检视器模式"命令，将其勾选或取消勾选，可以切换单/双检视器模式。

（3）单击"检视器"面板右上角的"单/双检视器模式"按钮█进行切换，如图3-4所示。

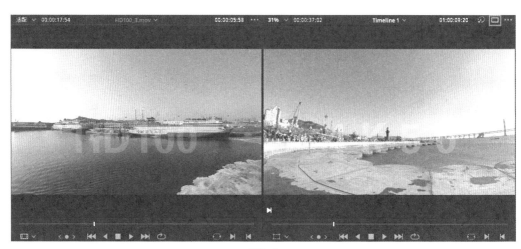

图3-4

在双检视器模式下却显示的是单检视器，是因为展开了右侧的"调音台""元数据""检查器"面板，只需将其关闭，即可显示出双检视器面板。

▌3.3.2 "源片段检视器"面板的主要功能

左侧的"源片段检视器"面板主要用来显示"媒体池"面板中的媒体片段，如图3-5所示，其与"媒体"工作区的"检视器"面板主要有3处不同。

1. 匹配帧

"匹配帧"按钮 主要用来将"源片段检视器"面板中的媒体片段与"时间线检视器"面板中的媒体片段的播放位置进行匹配（单击"时间线检视器"面板中的该按钮同样可实现匹配），单击后可以看到左右两个"检视器"面板中会出现相同的画面，便于比对、查找。

2. 时间码

左上角的时间码用来显示选择的媒体片段的长度，即源媒体片段上设置的入点和出点之间的长度。右上角的时间码显示的是当前播放位置。

图3-5

3. 源片段检视器模式下拉列表

单击"源片段检视器"面板左下角的"检视器模式"按钮，弹出的下拉列表如图3-6所示。

相比"检视器"面板，这里新增了"离线"和"多机位"选项。"离线"选项主要用来显示参考用的离线媒体，以便和"时间线检视器"面板中的视频进行对比，以确认一致性。"多机位"选项可以用来在多画面状态下对多个同时拍摄的不同机位的镜头进行切选，在讲解多机位时会介绍如何使用。

图3-6

技巧

"源片段检视器"面板中同样可以播放时间线媒体内容。只需要将"媒体池"面板中的时间线缩略图拖曳（注意不能双击）到"源片段检视器"面板中即可播放媒体内容。

▌3.3.3 "时间线检视器"面板的主要功能

"源片段检视器"面板右侧为"时间线检视器"面板，它主要用来显示时间线媒体内容。下面主要介绍其与"源片段检视器"面板的不同之处和需要注意的地方。

1. 时间线检视器时间码

"时间线检视器"面板的顶部同样有两个时间码，如图3-7所示。左侧的时间码显示影片的总时长，同样地，如果设置了入点和出点，则显示媒体片段的长度。右侧的时间码显示当前播放头的所在位置。这里需要注意的是，时间线播放头位置时间码是从1小时开始的，也就是从01:00:00:00开始，为的是方便在正式影片前增加前序内容，但在与其他剪辑软件进行套底等操作时，可能会引起不便。如果需要更改，可以在偏好设置对话框中选择"用户>剪辑>新时间线设置"选项，将"起始时间码"更改为"00:00:00:00"，如图3-8所示。

图3-7

图3-8

2. 联动检视器

单击"时间线检视器"面板右上角的"设置"按钮 ，在弹出的下拉列表中选择"联动检视器"选项，如图3-9所示，即可实现在"时间线检视器"面板中播放的同时，"源片段检视器"面板中也同步播放的效果。

3. 播放时间线排序

在"时间线检视器"面板顶部中间的下拉列表中可以便捷地切换显示的时间线。当时间线较多时，可以修改其排列顺序，单击"时间线检视器"面板右上角的"设置"按钮 ，在弹出的下拉列表中选择"时间线排序>最近使用"选项，如图3-9所示。这是DaVinci 17新增的小功能，可让软件的易用性更强。

图3-9

4. 绕过调色和Fusion特效按钮

在"时间线检视器"面板的右上方有"绕过调色和Fusion特效"按钮 ，单击该按钮，可以关闭调色和合成的效果，提高播放性能。

5. 时间线检视器模式下拉列表

单击"时间线检视器"面板左下角的"检视器模式"按钮，弹出的下拉列表如图3-10所示，可以看到增加了很多功能，大多是在制作特效时使用。用户可以方便地在"时间线检视器"面板上进行可视化操作，实现所见即所得。具体使用的方法在后续进行相应功能的讲解时会详细介绍。

图3-10

3.4 "时间线"面板简介

"时间线"面板是视频剪辑操作的"主战场"，可以简单将其比喻成一口大锅，所有的食材都需要放到大锅里进行加工，才能做出最终的成品。

▌3.4.1 新建时间线

新建时间线的方法主要有3种：执行"文件>新建时间线"命令；在"媒体池"面板的空白处右击，在弹出的菜单中执行"时间线>新建时间线"命令;使用快捷键Ctrl+N或Command+N。

执行以上任一操作后,将弹出"新建时间线"对话框,如果新建的时间线要跟项目设置一致,则勾选"使用项目设置"复选框,如图3-11所示。

图3-11

如果要新建一条不同规格的时间线,可以取消勾选"使用项目设置"复选框,对话框的顶部会出现"常规""格式""监看""输出"4个标签,如图3-12所示。

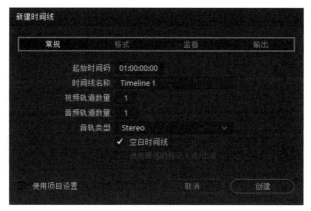

图3-12

1."常规"标签页

在这里可以将起始时间码设置为00:00:00:00,可以修改时间线名称,可以修改时间线的视频和音频轨道数量,还可以设置音轨类型。通常保持默认设置即可,相关参数可以随时修改。

2."格式"标签页

"格式"标签页如图3-13所示,在这里可以修改时间线的分辨率,在下拉列表中可以选择常用的固定规格,也可以在右侧的文本框中直接输入分辨率;可以修改时间线的帧率,以及设置不同分辨率的视频片段或图片进入该时间线的默认处理方式是缩放还是裁切等。

3."监看"标签页

该标签页中的参数主要用来设置专用SDI视频监视器的输出效果,需要根据具体的监视器设备进行设置,这里不做详述。

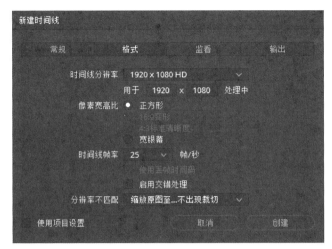

图3-13

4."输出"标签页

"输出"标签页如图3-14所示，该标签页中的参数主要用来调整时间线的输出设置，保持默认设置即可。如果需要单独调整，则需要取消勾选"将时间线设置用于输出缩放调整"复选框。

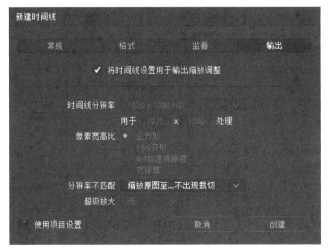

图3-14

全部设置完成后，单击"创建"按钮，"媒体池"面板中会出现一个新的时间线缩略图。

▌3.4.2 "时间线"面板的基本组成

"时间线"面板主要由工具栏、时间线标尺、视频轨道、音频轨道等区域组成，如图3-15所示。在播放时，视频轨道中的上层轨道图像会覆盖下层轨道图像，也就是说，只有上层轨道图像可以显示出来。音频轨道的上下层互不影响（多层音频轨道除外）。

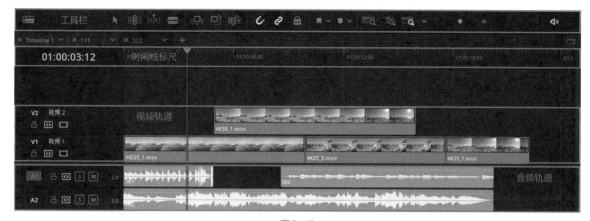

图3-15

图3-16

3.4.3 时间线显示选项

单击"时间线显示选项"按钮![]后会弹出选项面板，如图3-16所示。

1. 时间线显示选项

• 堆放时间线![]：用于设置是否在"时间线"面板的上部显示时间线标签，启用后的效果如图3-17所示。

图3-17

• 字幕轨道![]：用于设置是否在"时间线"面板中显示字幕轨道，可以在需要时再启用。

• 音频波形![]：用于设置是否在"时间线"面板的音频片段上显示波形，通常会启用。

> **技巧**
>
> 当"堆放时间线"处于启用状态时，标签行的右侧会出现"时间线堆叠控制"按钮![]，单击后会将多条时间线并行显示，方便制作不同版本的项目。

2. 视频显示选项

• 胶片条带视图![]：视频轨道上的视频片段全部以缩略图的形式展示，可以很直观地看出视频内容，通常启用此项。

• 缩略图视图![]：视频轨道上的视频片段的开头和结尾是缩略图，中间以单一颜色的色块形式展示。

• 简单视图![]：视频轨道上的视频片段没有缩略图，只有色块，通常在视频轨道特别多且密集时使用，可以设置视频轨道的颜色，将视频片段调整为不同颜色的色块以进行区分。

3. 音频显示选项

- 未经调整的音频波形 ![]：从音频片段底部开始显现音频波形，或以中间线对称显示音频波形。
- 完整波形 ![]：用于设置是否保留音频片段底部文件名分隔条的空间。
- 波形边框 ![]：在音频片段的波形线边缘加上黑色边线，可以更加清晰地查看音频波形，通常会启用。

4. 轨道高度

- 视频：调整视频轨道上视频片段在垂直方向上的显示大小。
- 音频：调整音频轨道上音频片段在垂直方向上的显示大小。

▌3.4.4 时间线快捷键操作

进行时间线显示调整操作时，通常使用快捷键，以提高视频剪辑效率。常用时间线快捷键如表3-1所示。

表3-1 常用时间线快捷键

快捷键	作用
Shift+Z	时间线总览
Ctrl++或Command++	水平放大时间线
Ctrl+-或Command+-	水平缩小时间线
Alt（Option）+鼠标中键向上	水平放大时间线
Alt（Option）+鼠标中键向下	水平缩小时间线
Shift+鼠标中键向上	垂直放大轨道
Shift+鼠标中键向下	垂直缩小轨道

说明：水平放大或缩小时间线通常以播放头为基准中心进行，也可以修改成以鼠标指针为基准中心进行，执行"显示>以鼠标光标为基准缩放时间线"命令即可修改基准中心。

▌3.4.5 时间线标尺及播放头

在该栏左侧有一个时间码，用来显示当前播放头所在位置的时间码信息，如图3-18所示。

图3-18

时间线标尺：会根据时间线的放大或缩小同步调整，在此只能看出大概时间，准确时间需要看时间码。
播放头：由红色箭头和直线组合而成，用来指示时间线的播放位置。

技巧

执行"显示>显示播放头阴影"命令，可以在播放头左右两侧各显示5帧宽的红色阴影区域，如图3-19所示。

图3-19

3.4.6 视频轨道的基本功能

"时间线"面板中的视频轨道用"V1""V2""V3"等表示，如图3-20所示，视频轨道左侧各按钮的功能及视频轨道中的操作如下。

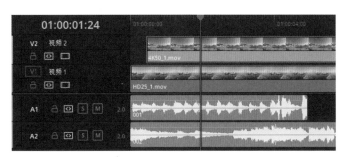

图3-20

• 目标控制及轨道编号 V1：单击该按钮，会出现橙色方框表示其处于选中状态，当对选择的媒体片段进行插入、覆盖等操作时，媒体片段会进入当前选中的视频轨道。

• 轨道名称 视频1：若没有显示轨道名称，则可以在垂直方向上增加视频轨道的高度，当前显示的为默认名称，即"视频1""视频2"等，可以双击该名称进行修改。

• 锁定轨道 🔒：单击一次该按钮，该视频轨道会被锁定，防止误操作，再次单击可以解锁该轨道。

• 自动轨道选择器 🔲：如果该按钮处于开启状态，则在其他视频轨道上进行操作，同样会对本视频轨道上的媒体片段构成影响。例如，对某一个视频轨道进行"插入"操作时，如果本视频轨道上的"自动轨道选择器"是处于开启状态的，则本视频轨道上的媒体片段会同步断开并后移；如果处于关闭状态，则本视频轨道上的媒体片段不受影响。具体分为很多情况，需要读者在实际操作过程中不断总结。

• 启用或禁用视频轨道 🔲：当该按钮处于关闭状态时，视频轨道上的媒体片段也处于关闭状态，不在"检视器"面板中显示；当该按钮处于开启状态时，视频轨道上的媒体片段可以正常显示在"检视器"面板中。

> **技巧**
>
> 　按住Alt或Option键的同时单击"自动轨道选择器"按钮，则该按钮状态与其他轨道上该按钮的开关状态相反。按住Shift键的同时单击"自动轨道选择器"按钮，则对全部视频（或者音频）轨道有效。

• 更改轨道颜色：在视频轨道的左侧右击，在弹出的菜单中执行"更改轨道颜色"命令，如图3-21所示，选择需要的颜色即可。

图3-21

• 添加或删除轨道：在视频轨道的左侧右击，在弹出的菜单中可以进行添加、删除或移动视频轨道等操作，也可以将媒体片段直接拖曳到新的轨道位置，自动创建新的视频轨道。

▍3.4.7　音频轨道的基本功能

　　音频轨道的基本功能与视频轨道的基本功能类似，只是"启用或禁用视频轨道"按钮■变成了"单独监听"按钮■和"静音轨道"按钮■。启用单独监听功能后，将只播放该音频轨道上的音频片段。启用静音轨道功能后，将关闭该音频轨道上的音频片段。

3.5　编辑与修剪时间线

▍3.5.1　编辑时间线

　　时间线编辑最基本的操作就是"拖曳"，可以将源媒体片段从"媒体池""源片段检视器"面板直接拖曳到"时间线"面板的任意轨道上，还可以从"源片段检视器"面板拖曳到"时间线检视器"面板上。由此可知，"拖曳"是最基础、最便捷的操作之一，读者可自行尝试。

> **技巧**
>
> 按住 Alt 或 Option 键拖曳源媒体片段至"时间线"面板，可以实现单独添加视频片段。
>
> 按住 Shift 键拖曳源媒体片段至"时间线"面板，可以实现单独添加音频片段。

　　下面重点介绍编辑按钮的功能。

　　• 插入片段■：将"源片段检视器"面板中的媒体片段插入"时间线"面板中选中的目标轨道上，从播放头位置开始，所有开启了"自动轨道选择器"的媒体片段将后移（快捷键为F9）。

　　• 覆盖片段■：将"源片段检视器"面板中的媒体片段覆盖到"时间线"面板中选中的目标轨道上，从播放头位置开始，覆盖至源媒体片段的出点或结束位置（快捷键为F10）。

　　• 替换片段■：将"源片段检视器"面板中的媒体片段替换"时间线"面板选中的目标媒体片段，这里需要特别注意，在DaVinci中，替换操作是将"源片段检视器"面板的播放头与"时间线检视器"面板的播放头对齐，取左右两端两个片段中较短者（快捷键为F11）。

　　下面用实例进行具体说明。

1 打开项目管理器，新建一个项目，设置分辨率为"1920×1080HD"、帧率为"25"。新建一个时间线，进入"剪辑"工作区。

2 将媒体素材"HD25_1"和"HD25_2"直接从文件夹拖曳到"媒体池"面板中（也可直接拖曳到"时间线"面板中）。

3 双击"媒体池"面板中的"HD25_1"片段，在"检视器"面板中通过I、O快捷键截选一个4秒长的片段，将其拖曳到V1轨道上，片段头位于时间线的最左端。

4 选择并复制该片段。将时间线播放头调整至最左端，按住Alt或Option键，单击V2轨道的"自动轨道选择器"按钮■，这样只有该轨道的自动同步开启，其余轨道的自动同步均关闭。然后按快捷键Ctrl+V或Command+V粘贴，在V2轨道上粘贴一个"HD25_1"视频片段。在轨道左侧右击，添加V3、V4轨道，同样在V3、V4轨道上进行粘贴并对齐。在轨道左侧右击，在弹出的菜单中执行"更改轨道颜色"命令，将各个轨道更改为不同的颜色，便于观察。完成后的效果如图3-22所示。复制视频片段最简单的方法是按住Alt或Option键直接将视频片段从V1轨道拖曳到V2至V4轨道。

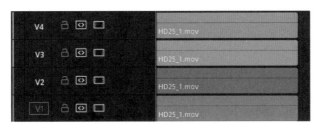

图3-22

5 设置初始状态。在"媒体池"面板中双击"HD25_2"视频片段，在"源片段检视器"面板中截取4秒（可以输入时间码"+400"）的视频片段，按住Shift键单击任意轨道的"自动同步轨道"按钮，将所有轨道的自动同步关闭。

6 插入片段。在初始状态下，单击V1按钮（快捷键为Alt+1或Option+1），选择该轨道，将时间线上的播放头调整至2秒（01:00:02:00）的位置，单击"插入片段"按钮（快捷键为F9），可以看到中间插入了4秒的视频片段，效果如图3-23所示。

7 覆盖片段。恢复至初始状态，单击V2按钮（快捷键为Alt+2或Option+2），将时间线上的播放头调整至2秒的位置，单击"覆盖片段"按钮（快捷键为F10），可以看到4秒长的视频片段HD25_2全部覆盖到轨道上，效果如图3-23所示。

8 替换片段1。恢复至初始状态，单击V3按钮（快捷键为Alt+3或Option+3），将时间线上的播放头调整至2秒的位置，确认"源片段检视器"面板中的播放头位于最左端0秒处，单击"替换片段"按钮（快捷键为F11），可以看到从时间线的2秒处开始替换，共替换了2秒长的视频片段，效果如图3-23所示。

9 替换片段2。恢复至初始状态，单击V4按钮（快捷键为Alt+4或Option+4），将时间线上的播放头调整至2秒的位置，确认"源片段检视器"面板中的播放头位于1秒处，单击"替换片段"按钮（快捷键为F11），可以看到从时间线的1秒处开始替换，共替换了2秒长的视频片段，效果如图3-23所示。

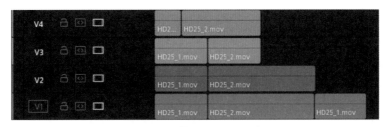

图3-23

3.5.2 使用双检视器进行编辑

在双检视器模式下，将左侧"源片段检视器"面板中播放的媒体片段拖曳到右侧的"时间线检视器"面板中，此时，右侧会出现相关的编辑功能列表，不要松手，继续将其拖曳到相应的按钮上即可实现该功能，如

图 3-24 所示。

- "适配填充"是为源媒体片段设置入点和出点，并在时间线上设置入点和出点，对媒体片段进行变速，让其长度与时间线中设置的长度相匹配。
- "叠加"是将源媒体片段添加到"时间线"面板中选中的轨道的上方。
- "附加到尾部"是将源媒体片段添加到时间线的最后。
- "波纹覆盖"更接近于"替换"，是将某个镜头替换为另一个不同时长的镜头。如果新媒体片段较长，则"自动同步轨道"上的媒体片段将自动后移；如果新媒体片段较短，则"自动同步轨道"上的媒体片段将自动前移。

图 3-24

■ 3.5.3　选择工具

在工具栏中单击选择工具 ▶（快捷键为 A），使用该工具可进行以下操作。

（1）选择媒体片段，可以在轨道上任意拖曳。

（2）在媒体片段侧边单击并拖曳，可以调整媒体片段的长度，白色线框表示媒体片段的冗余量，即调整范围，如图 3-25 所示。需要注意的是选择工具 ▶ 不是波纹剪辑工具，操作后相邻媒体片段并不会因为出现空隙而自动填补。"时间线检视器"面板中显示的是调整的媒体片段当前时刻的画面。

（3）在两个媒体片段之间单击并拖曳，可动态调整两个媒体片段的长度，而两个媒体片段的总长度不变。"时间线检视器"面板中显示的是相邻媒体片段当前时刻的画面。白色线框为调整范围，标签中会显示移动了几秒几帧，如图 3-26 所示。

图 3-25

图 3-26

■ 3.5.4　修剪编辑工具

修剪编辑工具 ◀▶（快捷键为 T）主要用来实现波纹剪辑操作。波纹剪辑可以简单理解为不出现空隙，相邻媒体片段会发生变化，且轨道时间线的总长度是变化的。

- 波纹：在媒体片段侧边单击并拖曳，调整该媒体片段的长度（也就是调整该媒体片段的入点和出点的位置），由于是波纹剪辑，因此相邻媒体片段始终保持贴合，它们之间没有空隙。标签上方显示的是位移，下方显示的是当前媒体片段的长度，如图 3-27 所示。"时间线检视器"面板中的双画面显示相邻媒体片段该时刻的镜头。
- 卷动：在两个相邻媒体片段之间单击并拖曳，两个媒体片段的长度会动态同步调整，总长度不变，如图 3-28 所示。"时间线检视器"面板中的双画面显示相邻媒体片段该时刻的镜头。

图 3-27

图 3-28

• 滑移:在媒体片段中间的上半部分单击并拖曳,只有该媒体片段的入点和出点会同步调整,相邻媒体片段不动,如图3-29所示。"时间线检视器"面板分为4个画面,上半部分为正在调整的媒体片段的入点和出点的画面,会随着调整动态变化,下半部分的两个画面为左侧和右侧媒体片段的相邻点画面,如图3-30所示。

图3-29   图3-30

• 滑动:在媒体片段中间的下半部分单击并拖曳,该媒体片段保持不动,调整相邻媒体片段的长度,媒体片段的总长度不变,如图3-31所示。"时间线检视器"面板分为4个画面,会根据调整位置动态显示画面。这也是一种常用的移动时间线上媒体片段的方法。

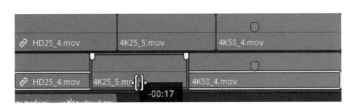

图3-31

3.5.5 动态修剪模式工具

该工具通常配合DaVinci的多功能键盘使用,或直接使用快捷键操作,可在循环播放的同时进行修剪。这里简单进行介绍,要掌握该工具需要多多练习。

启用动态修剪模式工具 <> (快捷键为W)。要注意此时的工具是选择工具(快捷键为A)还是修剪编辑工具(快捷键为T),这决定是否进行波纹剪辑操作。还要注意选择的是媒体片段(快捷键为Shift+V)还是媒体片段的编辑点(快捷键为V)。

具体操作时使用J、K、L键,媒体片段或编辑点会动态调整。通常会按住快捷键K+L慢速播放(按住快捷键K+J慢速反向播放);或按住K键,再按L键正向逐帧播放(按J键反向逐帧播放)。

在修剪编辑工具下,动态修剪模式工具如果是滑移,则只移动媒体片段自身的余量,媒体片段整体不动;如果是滑动,则是媒体片段移动。切换滑移/滑动的快捷键为S。

> **技巧**
>
> 在动态修剪模式工具下按Space键,不是播放整条时间线上的媒体片段,而是在媒体片段的剪辑点附近进行播放,方便检查修剪效果。

3.5.6 刀片编辑模式工具

该工具主要用来切割时间线上的视频或音
频片段。使用时，在工具栏上单击刀片编辑模
式工具■■■（快捷键为B），然后使用播放头在
时间线上找到需要切割的位置，确认开启"吸
附"功能，单击该片段完成切割操作，如图3-32所示。

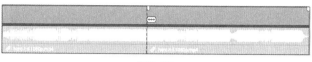

图3-32

> **技巧**
>
> 可以直接使用快捷键Ctrl（Command）+B或Ctrl（Command）+\完成切割操作，先将播放头拖曳到需要切割的
> 位置，直接按快捷键完成切割操作。如果选择了轨道上播放头所在位置的媒体片段，则切割该媒体片段。如果没有
> 选择，则切割播放头所在位置的所有媒体片段。

3.5.7 工具栏中的其他工具

这里对工具栏中的其他工具进行介绍，工具栏中的工具、按钮及滑动条如图3-33所示。

图3-33

● 吸附工具✂（快捷键为N）：方便对媒体片段进行修剪操作，避免出现空隙。

● 链接所选工具✍（快捷键为Ctrl+Shift+L或Command+Shift+L）：将相关媒体片段，特别是音/视频
片段进行链接或取消链接。

● 位置锁定工具🔒：单击该工具会将全部轨道锁定，防止对"时间线"面板上的媒体片段误操作。

● 旗标工具🚩∨（快捷键为G）：使用时在"时间线"面板中选择媒体片段，单击该工具完成旗标的添加，
可以在旁边的下拉列表中设置旗标的颜色。添加完成后，"时间线"面板中媒体片段和"媒体池"面板中媒体
片段缩略图上都会显示一个旗标图案，如图3-34所示。双击媒体片段上的旗标图案，弹出的对话框如图3-35
所示，可以在其中修改颜色、添加备注或移除旗标。

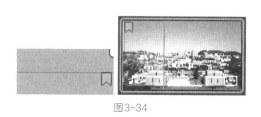

图3-34

图3-35

● 标记工具◼∨（快捷键为M）：该工具的功能非常强大，移动播放头到指定位置（此时没有选择任何媒
体片段），单击标记工具，可以在时间线标尺上设置标记，同时"时间线检视器"面板中的时间轴上也会显示

标记。如果选择了媒体片段，则会在媒体片段播放头的所在位置设置标记，如图3-36所示。同样地，可以直接在下拉列表中设置标记颜色。

双击添加的标记可以对其进行设置，如图3-37所示，可以设置标记的位置时间码、时长（可以标记一个段落）、名称、备注、关键词、颜色等，也可以在这里移除标记。在时间线标尺的标记上右击，在弹出的菜单中执行"标记分割点"命令可以设置标记段落的入点和出点。

图3-36

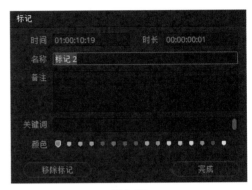

图3-37

工具栏中的最后几个是时间线视图调整按钮及滑动条。

3.5.8 音频剪辑

带有伴音的音频片段会同步添加到音频轨道上，也可将伴音或独立的音频片段添加到音频轨道上，这与视频片段的编辑方法类似。要想对视频伴音类型的音频片段进行独立的剪辑操作，需要取消它和视频片段的链接，右击音频片段后在弹出的菜单中执行"取消链接"命令即可。音频片段的剪辑方法与视频片段的剪辑方法基本相同。

3.5.9 编辑和修剪操作的快捷键

编辑和修剪操作的常用快捷键如表3-2所示。

表3-2 编辑和修剪操作的常用快捷键

快捷键	效果	快捷键	效果
A	选择工具	V	选择最近的剪辑点，且播放头会跳转到该位置
T	修剪编辑工具	Shift+V	选择播放头所在位置的媒体片段
R	范围选择模式（适用于"Fairlight"工作区的音频轨道操作）	U	在两个相邻媒体片段的剪辑点之间切换
W	动态修剪模式工具	Alt+U 或 Option+U	剪辑点或媒体片段在视频、音频和音/视频之间切换
S	滑移/滑动	Y	选择播放头右侧当前轨道的全部媒体片段
B	刀片	Alt+Y 或 Option+Y	选择播放头右侧全部轨道的全部媒体片段

续表

快捷键	效果	快捷键	效果
F	匹配帧	Ctrl+Y（Command+Y）	选择播放头左侧当前轨道的全部媒体片段
N	吸附工具	Ctrl+Alt+Y（Command+Option+Y）	选择播放头左侧全部轨道的全部媒体片段
D	启用媒体片段	Ctrl+Alt+L（Command+Option+L）	链接媒体片段
Shift+[	修剪开头	Shift+]	修剪结尾
F9	插入媒体片段	E	将编辑点扩展到播放头处
F10	覆盖媒体片段	Ctrl+B（或Command+B）	刀片切割
F11	替换媒体片段	Ctrl+\（或Command+\）	分割媒体片段
F12	叠加媒体片段	Alt+\（或Option+\）	联结媒体片段
Shift+F10	波纹覆盖	Backspace	删除媒体片段且保留空隙
Shift+F11	适配填充	Delete或Shift+Backspace	波纹删除，不保留空隙
Shift+F12	附加到时间线末端	,	将编辑点或媒体片段左移1帧
上下键	在左右剪切点之间跳转	.	将编辑点或媒体片段右移1帧
Crtl+T（或Command+T）	添加转场	Shift+,	将编辑点或媒体片段左移5帧
R	更改媒体片段的播放速度	Shift+.	将编辑点或媒体片段右移5帧
Ctrl+R（或Command+R）	媒体片段的变速控制		

3.6 "效果"面板简介

"效果"（早期版本翻译为"特效库"）面板的"工具箱"中主要包括"视频转场""音频转场""标题""生成器""效果""Open FX""音频特效"等选项，可用来制作各类特殊效果，丰富媒体内容。DaVinci 17 在效果上有一个非常人性化的改变，就是当鼠标指针在效果按钮条上滑过时，在"检视器"面板中可以实时看到效果，这极大地提高了软件的易用性。

3.6.1 视频转场

1. 添加转场

视频转场用于将两个相邻的视频片段衔接起来，实现两个镜头之间的过渡效果。单击"效果"按钮，选择"工具箱>视频转场"选项，如图3-38所示。

视频转场主要包括叠化、光圈、运动、形状、划像、Fusion转场、Resolve FX转场等类型，让鼠标指针在效果按钮条上滑动，即可在"检视器"

图3-38

面板中预览转场效果。将视频转场直接拖曳到"时间线"面板的两个视频片段之间即可应用；或将播放头移动到两个相邻视频片段之间，双击视频转场名称，即可应用，如图3-39所示。需要注意的是，添加转场效果的视频片段要留有余量，这样方便制作转场过渡效果。

如果只需要添加标准的转场效果（默认是"交叉叠化"），则先用选择工具 单击相邻视频片段之间的剪辑点，使其处于选中状态，然后执行"时间线>添加转场"命令（快捷键为Ctrl+T或Command+T）完成操作，如图3-40所示。

图3-39

图3-40

在转场效果上右击，弹出的菜单如图3-41所示。执行"添加到收藏"命令，便于后续使用此转场效果；执行"设置为标准转场"命令，可以将其设置为使用快捷键添加转场时的默认转场效果；执行"添加到所选编辑点和片段"命令，可以在视频轨道的视频片段或剪辑点上应用该转场效果。

图3-41

> **技巧**
>
> 如果需要在多个视频片段之间添加转场效果，可以使用修剪编辑工具（快捷键为T）在视频轨道上框选需要添加转场效果的视频片段。这样相邻视频片段之间的剪辑点将会被选中，然后使用快捷键Ctrl+T或Command+T完成操作。

2. 设置转场

添加转场效果后，可以对其参数进行调整，以得到满意的效果。有两种调整方式：一种是直接在"时间线"面板的转场片段两端拖曳调整，修改转场时长，如图3-42所示；另一种是选择该转场效果后，展开"检查器"面板，自动进入"转场"标签页，在这里可以进行详细的参数设置，如图3-43所示。

图3-42

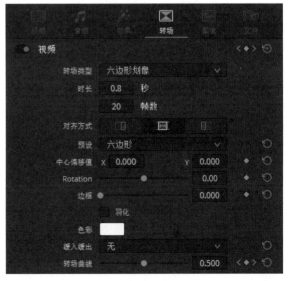

图3-43

■ 3.6.2　音频转场

　　音频转场效果并不多，如图3-44所示。相邻音频片段不能完全依靠转场效果来实现过渡，首要的是找准音频片段的切合点和节奏点等。可以通过添加淡入淡出效果并叠加进行过渡，如图3-45所示，这样更具灵活性。音频转场的设置方法与视频转场的设置方法相同。

图3-44

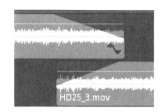

图3-45

■ 3.6.3　标题

　　常用的文字样式主要有屏幕底部的字幕、屏幕中间的标题，以及滚动字幕等，只需要将选中的"字幕"预设直接拖曳到"时间线"面板的最上层轨道，如图3-46所示。调整方法有两种：一种是选择该字幕片段，直接在"检视器"面板上修改文本内容、位置、角度等；另一种是在"检查器"面板的"视频"标签页中详细地对文本内容、字体、颜色、大小、字距、行距、样式等进行修改，并可通过关键帧制作动画，如图3-47所示。

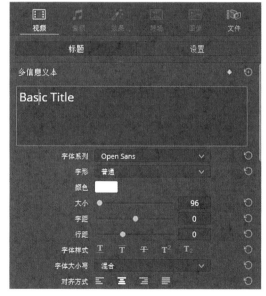

图3-47

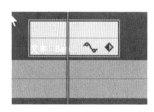

图3-46

　　Fusion标题制作的模板如图3-48所示，添加这些模板后可以在"检查器"面板中修改相应的参数，也可以在"Fusion"工作区中调整，如图3-49所示。

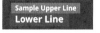

图3-48

　　还有一种添加字幕的方式，就是使用字幕轨道，这种方式特别适用于为影片全程配字幕，其优点是简单、直观，而且字幕风格统一，修改方便快捷。启用方式有两种：一种是在"效果"标签页中选择"标题"子标签，在面板底部找到"字幕"选项，如图3-50所示，将其直接拖曳到视频轨道的上方；另一种是在"时间线"面板的轨道左侧右击，在弹出的菜单中执行"添加字幕轨道"命令，如图3-51所示，在视频轨道上方会出现字幕轨道，在字幕轨道上右击，在弹出的菜单中执行"添加字幕"命令，在字幕轨道上单击后会出现3秒长的字幕片段，如图3-52所示。

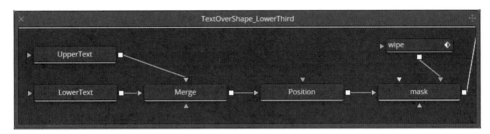

图3-49

图3-50

图3-51

图3-52

　　双击该字幕片段，工作区右侧的"检查器"面板中会出现相关参数。选择"字幕"标签，在面板下方可以设置字幕内容、出入点时刻，以及添加字幕等，如图3-53所示。选择"风格"标签，在面板下方可以修改文字的字体、颜色、大小，以及设置阴影、描边、背景等，如图3-54所示。应注意的是，这里的修改会对整个字幕轨道上的所有字幕片段生效，这也是字幕轨道的最大优势。

图3-53

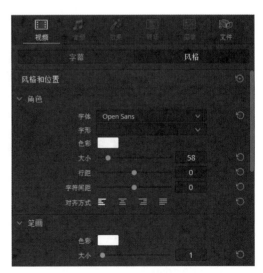

图3-54

3.6.4 生成器

使用生成器可以新建一些需要的视频素材，如灰阶、彩条、渐变、纯色等，如图3-55所示。Fusion生成器主要有Contours（等高线）、Noise Gradient（噪点）、Paper（纸张）、Texture Background（纹理背景）等类型，使用时只需要将其拖曳到相应位置的视频轨道上即可。用户可以在"检查器"面板的"视频"标签页中选择"生成器"和"设置"子标签，在面板下方修改相应的参数，如图3-56所示。

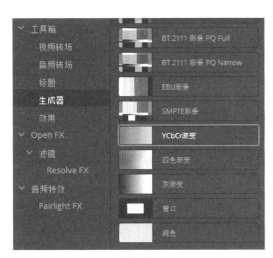

图3-55

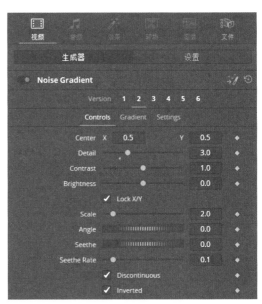

图3-56

技巧

每一种类型的Fusion生成器里都预设了很多效果，使用时只需选择"生成器"标签，在面板中选择Version右侧对应的数字即可，例如Noise Grandient生成器的Version 2的显示效果如图3-57所示，可以看出这是预设的火焰效果。

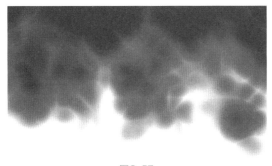

图3-57

3.6.5 效果

效果用来给视频片段增加一些特殊效果，使用时将效果拖曳到视频轨道上即可。"Fusion特效"中预设了多个特效,如图3-58所示,对应效果如图3-59所示。

图3-58

图3-59

图3-60

要使用某个效果,可直接将其拖曳到需要的视频片段上,视频片段的右下方会出现3个十字星图案 ,表示该视频片段已经添加了效果。需要修改时,可以选择该视频片段,然后在"检查器"面板"效果"标签页中修改相关参数,如图3-60所示。

单个视频片段可以添加多个效果,其具体参数可在"检查器"面板"效果"标签页中选择"Fusion"子标签,在面板下方进行设置,如图3-61所示。

图3-61

红色开关按钮█●用于开启或关闭该效果。

在效果名称右侧的空白处单击，即可展开或折叠关闭本效果的参数设置面板。

上下箭头█用来调整效果的叠加顺序，这对最终合成效果影响是非常大的，后加的效果通常在底层。

单击转到Fusion页面按钮█，可以转入"Fusion"工作区进行更高级的修改。

删除按钮█用于删除效果。

恢复按钮█用于恢复参数的默认设置。

▌ 3.6.6　Open FX

Open FX（OFX）是一种开放的标准插件，是DaVinci、After Effects、Premiere Pro、Nuke、Vegas、HitFilm等视频制作软件均支持的插件。业内比较流行的插件包有GenArts（蓝宝石）、Boris Continuum Complete（BCC）、Red Giant Universe（红巨星）等，这些插件都需要单独购买才能安装使用。

Resolve FX是DaVinci自带的插件，插件中的滤镜用于对高效播放进行优化。它在Open FX浏览器中有自己的分类，主要包括Resolve FX修复、Resolve FX光线、Resolve FX变换、Resolve FX扭曲、Resolve FX抠像、Resolve FX时域、Resolve FX模糊、Resolve FX生成、Resolve FX纹理、Resolve FX美化、Resolve FX色彩、Resolve FX锐化、Resolve FX风格化等13类，如图3-62所示。每个类别都可以通过双击其名称或单击右侧下拉按钮展开，里面包含若干滤镜按钮，这里就不逐一展示了，读者可以逐一尝试它们的应用效果，以便在需要时使用。将鼠标指针放置在滤镜按钮上方，即可在"检视器"面板上直观地预览其应用效果。

使用滤镜时，只需要将其拖曳到视频片段上即可，要调整参数，可选择"检查器"面板的"效果"标签页的"Open FX"子标签，在面板下方进行调整，如图3-63所示。滤镜效果可叠加，单击展开面板，调整相关参数，通常在底部有一个"全局混合"选项，展开后可以调整滤镜和原始图像的混合程度。

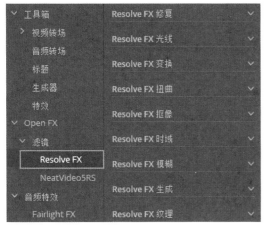

图3-62

图3-63

▌ 3.6.7　音频特效

音频特效中的插件主要是用来调整音频效果，使声音更浑厚、动听，更有空间感和层次感，有时甚至可以改变音调，常用的音频特效插件如图3-64所示。这些插件主要在"Fairlight"工作区中使用，在后面的章节中会进行详细介绍。使用时只需将插件按钮直接拖曳到音频片段上，在弹出的面板中进行设置即可。

图3-64

3.7 使用"编辑索引"面板快速定位

"编辑索引"面板相当于媒体片段列表，如图3-65所示，在这里可以查看更多媒体片段的信息，单击相应的选项，时间线播放头可以快速定位到相应媒体片段。

在栏目名称上右击，会弹出栏目设置菜单，如图3-66所示，勾选需要显示的栏目名称前的复选框，即可完成设置。

图3-65

图3-66

3.8 音响素材库操作

"音响素材库"面板用于收集、整理所有的音频素材，首次打开该面板后需要下载或添加自己的音效库。DaVinci提供了免费的音效库，可以直接下载并应用到视频中。下载并安装音效库，在搜索栏中输入要添加的音效的关键词，相关音效即可被搜索到，如图3-67所示。单击音效可以播放试听，确认效果后，将其直接拖曳到音频轨道上即可应用。更多操作在讲解"Fairlight"工作区时会详细介绍。

图3-67

3.9 调音台操作及音量调节

调音台主要用于混音，具体的操作在讲解"Fairlight"工作区时会详细介绍。这里简单介绍一下最基础的调节音量的方法。

调节音量前要先设置好放音环境，还要看响度计参数，通常将人声调节到黄色区域，背景音不要超过人声。除特殊需要外，尽量避免出现红色（爆音）。

调音台用于调节整个音频轨道的音量，如图3-68所示，3个推子分别用于控制A1、A2和Bus1音轨的音量。

如果想要对单个音频片段进行调节，则可以选择该音频片段，在"检视器"面板的"音频"标签页中调节"音量"参数，如图3-69所示。

也可以直接在音频片段上上下拖曳音量控制线来调节音量，如图3-70所示（如果没有看到音量控制线，则需要纵向放大显示音频片段）。

图3-68

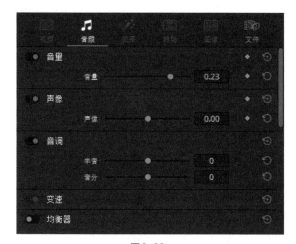

图3-69

图3-70

3.10 “检查器”面板“视频”标签页功能详解

这里重点介绍“检查器”面板中“视频”标签页的基本功能，其他标签页后续结合相应知识点进行介绍。在进行“视频”标签页功能的讲解之前，先介绍关键帧动画的基本知识。我们可以把视频片段想象成一系列的图片，在时间线的某个起始位置设置一个关键帧，记录它的位置、大小、旋转角度等信息；然后在时间线的某个结束位置再设置一个关键帧，根据需要修改相关参数并记录下来，这样从起始位置至结束位置会按照参数改变值生成一个渐变的动画。

▌3.10.1 变换

“视频”标签页的第一栏是“变换”，在这里可以调整视频片段的缩放、位置、旋转角度等，将它们相互组合，可以实现丰富的效果。例如将画面的主要角色移动至黄金分割点、制作人物特写、旋转与调平地平线、模拟镜头推拉摇移效果等。

下面介绍具体操作方法。

1. 直接调整参数

以调整“缩放”选项的参数为例，如图3-71所示。

图3-71

在“时间线”面板中选择一个视频片段，展开“检查器”面板，在“视频”标签页的“变换”栏中对“缩放”参数进行修改，主要有以下3种方式。

- 在参数上双击，直接修改参数值。
- 在参数上按住鼠标左键，向左拖曳以减小参数值，向右拖曳以增大参数值。
- DaVinci 17新增的修改方法是通过←键和→键移动光标至想要修改的参数值右侧，用↑键和↓键增大或减小该参数值。

X和Y之间的“锚链”按钮 用于设置是否同步调整，按下该按钮则保持缩放比例。

菱形小图标◆表示关键帧，在时间线的前后位置分别设置关键帧，并将后面的关键帧的"缩放"参数调整至2。在"检视器"面板中播放刚才修改的视频片段，可以看到画面逐步放大至原来的2倍。

单击恢复默认按钮↺可以将参数恢复至默认值。

2.调整控制点

在"时间线检视器"面板的左下角单击"检视器模式"按钮，在弹出的下拉列表中选择"变换"选项，在"时间线检视器"面板中会出现控制点，可以缩小画面以查看所有的控制点，如将显示比例调整为25%，如图3-72所示。

图3-72

- 拖曳画面的任意位置可以移动画面。
- 拖曳水平或垂直边框中间的控制点，可以在水平或垂直方向上缩放画面。
- 拖曳4个角的控制点，可以按比例缩放画面。
- 按住Shift键拖曳4个角的控制点，可以按任意比例缩放画面。
- 画面的中心控制点是旋转锚点，可以拖曳修改其位置，然后拖曳相连的手柄旋转画面。

▌3.10.2 智能重新构图

智能重新构图是DaVinci 17新增的功能，利用该功能可以方便快捷地将画面的主角放置到中心位置，适用于将横版视频变换为手机适用的竖版视频，这一点在制作短视频时非常有用。虽然智能重新构图被归类到

"变换"栏中,但是这里要单独进行讲解,下面具体通过一个实例说明如何使用该功能。

1 新建一个项目,设置分辨率为"1920×1080HD"、帧率为"25",并将其命名为"智能重新构图案例"。

2 在"媒体池"面板中导入"素材1:不同分辨率和帧速率视频"文件夹中的"4K50_2"视频素材,并将其拖曳到"时间线"面板中。此时,可以在"检视器"面板中看到画面里有一艘小船,如图3-73所示,这里只需要截取1秒的视频片段即可。

3 使用之前学习的方法,将视频片段放大为原来的2倍,这时小船已经跑到了画面的边缘,如图3-74所示。

图3-73

图3-74

4 单击"智能重新构图"栏将其展开,确认"关注对象"下拉列表中选择的是"自动"选项,如图3-75所示,单击"重新构图"按钮,使小船回到画面的中央。

5 使用撤销操作(快捷键为Ctrl+Z或Command+Z)将画面恢复,打开"关注对象"下拉列表,选择"参考点"选项,右侧的"参考框"按钮🔲被激活,单击该按钮后,在"时间线检视器"面板中框选码头,如图3-76所示。

图3-75

图3-76

6 单击"重新构图"按钮,可以看到在保证画面满屏的条件下,码头尽可能地出现在了画面中央,如图3-77所示。

提示

智能重新构图不仅能对当前帧进行处理,还能对整个视频片段进行处理。该功能对计算机性能,特别是显卡性能的要求较高,如果计算机性能一般,可以将视频片段切成多个小段,以便观察处理。

图3-77

3.10.3　裁切

裁切操作比较简单，可以在滑动条上左右拖曳滑块，也可以使用前面介绍的调整参数的方法直接修改参数，如图3-78所示；还可以在"时间线检视器"面板的左下角将"检视器模式"设置为"裁切"，如图3-79所示，然后直接在"检视器"面板中进行拖曳。

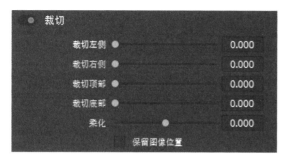

图3-78   图3-79

"柔化"选项用于柔化裁切边缘，以便合成画面。勾选"保留图像位置"复选框的效果可以理解为按相对比例裁切，如果画面尺寸与时间线尺寸一致，则无论是否勾选该复选框都不影响裁切效果。

3.10.4　动态缩放

动态缩放用于快速制作缩放摇移效果，下面以"素材1：不同分辨率和帧速率视频"文件夹中的"4K50_4"视频片段为例讲解该效果的制作方法。

图3-80

选择该视频片段，在"检查器"面板中激活"动态缩放"选项，如图3-80所示。在"时间线检视器"面板左下角的"检视器模式"下拉列表中选择"动态缩放"选项，如图3-81所示，这时"时间线检视器"面板中会显示绿色线框和红色线框，如图3-82所示。

图3-81   图3-82

绿色线框代表起始画面的显示部分，红色线框代表结束画面的显示部分。拖曳4个角的控制点可以修改线框的大小，也可以单击红色线框或绿色线框的控制点，然后直接拖曳调整画面。

如果需要进行反向操作，则直接单击"动态缩放"栏中的"交换"按钮，红色线框和绿色线框会交换，形成反向效果。同时，还可以将"动态缩放缓入缓出"修改为"缓入与缓出"，以调整速度变化。

▌3.10.5　合成

合成功能类似于修图软件中的图层叠加功能，合成控制参数如图3-83所示，当选择轨道上层的视频片段并设置合成模式后，其可以与下层视频片段形成合成效果。图3-84所示为以柔光方式合成的烟雾效果。拖曳"不透明度"滑块可以修改合成强度。

图3-83

图3-84

具体的合成模式有很多，读者无须弄懂具体的合成理论，使用时可以直接滚动鼠标中键切换合成模式进行查看，然后从中挑选满意的。

▌3.10.6　变速

变速是DaVinci 17的新功能，可以使用该功能直观地调整视频片段的速度，使画面产生快放、慢放、倒放或静止等效果，变速控制参数如图3-85所示。

主要选项的作用如下。

● 方向：第一个按钮表示正向变速，第二个按钮表示反向变速，第三个按钮表示静帧。

图3-85

● 速度%：表示调整后的速度占原速度的百分比，如果想将速度调整为原速度的2倍，则拖曳滑块到200%处或直接输入200%。

● 帧/秒：表示每秒播放的帧数，与"速度%"选项同步变化。

● 时长：调整速度后，该视频片段的持续时长会同步变化。

● 波纹序列：勾选该复选框后，在调整视频片段的同时，其余视频片段的位置会跟随调整。

● 音调校正：在速度变化时尽可能保持音调不变。

▌3.10.7　稳定

对画面进行稳定处理，以消除拍摄抖动带来的影响。其实，现在的拍摄设备很多已经配备了防抖云台，或进行了防抖算法处理。

可以保持默认参数设置，先单击"稳定"按钮进行尝试，如图3-86所示，如果效果不理想则可以尝试其他模式。调整"裁切比率""平滑度""强度"等参数，可以设置稳定时画面的效果和变化幅度。

图3-86

3.10.8 镜头校正

直接单击"分析"按钮,或者拖曳滑块进行手动校正,
镜头校正控制参数如图3-87所示。

图3-87

3.10.9 变速与缩放设置

这里有4个参数,如图3-88所示。这些参数简单地理
解就是用来进行"变速"或"缩放"处理的算法,处理时
需要在速度和画面质量之间达到一种平衡,通常可以在剪
辑过程中使用速度较快的处理算法,在最终生成的时候使
用质量较好的算法。

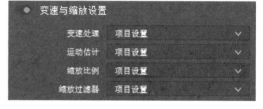

图3-88

默认值可以在"项目设置"对话框中进行调整。执行
"文件>项目设置"命令(快捷键为Shift+9),打开"项目设置"对话框,在"主设置>帧内插值"栏中可以设
置项目默认的"变速处理"和"运动估计模式"选项;在"图像缩放调整"选项中可以设置项目默认的"缩放
过滤器"和"输入/输出缩放调整"选项,如图3-89所示。

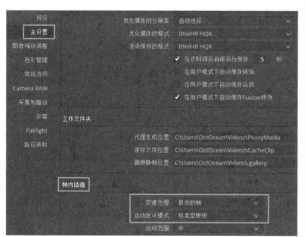

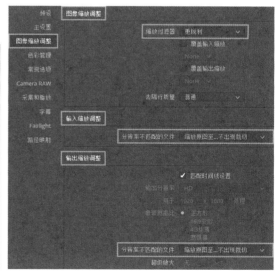

图3-89

说明

变速时：如果视频片段是使用高帧速率拍摄的，则将其放在较低帧速率的项目时间线上，慢速拉伸后有足够的镜头补充内容，只需要正常进行慢速处理即可。如果视频片段本身的帧速率与项目设置的帧速率相同或更低，则进行慢速处理时需要软件进行插值计算，可以使用"光流"等模式，使慢速效果相对平滑。

缩放时：如果该视频片段本身是使用较高分辨率拍摄的，则在其分辨率范围内缩放，可以保证画面的质量。

3.11 两台显示器的工作模式设置

如果一台计算机的主机连接了两台显示器，则可以有两种显示模式：一种是将工作区分两屏显示出来，拓展操作空间；另一种是将其中一台显示器用来全屏幕显示视频，便于直接观看最终效果（类似于监视器，但色彩准确性上可能与最终效果仍有差异）。

设置工作模式的具体操作如下。

1. 双屏工作模式

执行"工作区 > 双屏 > 开启"命令，可以开启双屏模式；执行"工作区 > 主屏幕"命令，可以在子菜单中选择使用哪个显示器作为主屏幕，如图 3-90 所示。

图 3-90

2. 全屏监视模式

再次执行"工作区 > 双屏 > 开启"命令关闭双屏模式，然后执行"工作区 > 纯净视频信号满屏输出"命令，选择显示器 2，如图 3-91 所示，可以将第二台显示器作为全屏监视器使用。如果该显示器要用于调色，则一定要选用符合色彩标准和亮度标准的高品质显示器。

图 3-91

第4章

基础操作：
"快编"工作区基础

04

　　"快编"工作区是DaVinci 16新增的工作区，这是一项非常有意义的创新，既能让用户感受到对传统胶片时代剪辑的传承，又能让用户体验到现代非编时代的便捷。DaVinci 17对"快编"工作区的功能进行了拓展，并且推出了配套的快编键盘，这也体现了BMD公司软硬件结合的产品理念。

4.1 "快编"工作区简介

　　"快编"工作区与"剪辑"工作区不同，用户需要使用新的思想和角度去学习和应用，才能真正感受到其强大和便捷的功能。单击主界面底部的"快编"按钮 （快捷键为Shift+3），可以打开"快编"工作区。"快编"工作区主要由"媒体池""检视器""时间线"等面板组成，如图4-1所示。

图4-1

4.2 "媒体池"面板的功能及操作

　　"快编"工作区的"媒体池"面板的基本功能和"媒体"工作区的"媒体池"面板的基本功能相同。"快编"工作区取消了侧边的媒体夹列表和智能媒体夹列表，秉承简单快捷的理念，工作空间更大。顶部工具栏中的按钮如图4-2所示。

图4-2

- 媒体夹列表：单击该按钮后会出现媒体夹目录结构，直接单击目录名称即可打开相应的媒体夹。

● 导入媒体文件■：单击该按钮后，在弹出的对话框中可以选择希望导入的媒体素材（可以多选），确定后会将其导入"媒体池"面板当前的媒体夹中。

● 导入媒体文件夹■：单击该按钮后，在弹出的对话框中可以选择媒体素材所在的文件夹，将文件夹整体作为媒体素材导入"媒体池"面板中，这个功能非常方便。

● 同步片段■：单击该按钮会出现"同步片段"功能面板，在这里可以方便快捷地处理用多台设备、多个角度拍摄或采集的视频片段和音频片段。此功能面板的具体使用方法在后续章节中会进行详细介绍。

● 恢复链接■：之前已经介绍过，用于重新恢复丢失的媒体链接。

● 条带视图■："媒体池"面板的元数据、缩略图和列表视图在前面都介绍过了，这里增加了一个条带视图，如图4-3所示，将鼠标指针在条带视图上划过可以快速浏览对应视频片段的内容。

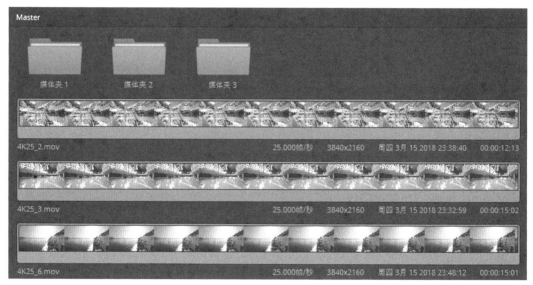

图4-3

4.3 "检视器"面板的功能及操作

"快编"工作区的"检视器"面板只有单检视器模式，可以在"源片段检视器"面板和"时间线检视器"面板之间进行自动或手动切换（快捷键为Q），其功能简洁明了，易于操作。

4.3.1 检视器基本功能

功能按钮和时间码在"检视器"面板的顶部，如图4-4所示。

图4-4

- 源片段：单击该按钮后会播放"媒体池"面板中的媒体片段。
- 源磁带：单击该按钮后，"检视器"面板下方会出现所有媒体片段的条带视图，如图4-5所示。每一个小块代表一个媒体片段，在条带视图上单击，会跳转到"媒体池"面板中相应的媒体片段上。可以直接在该条带视图上设置入点和出点。

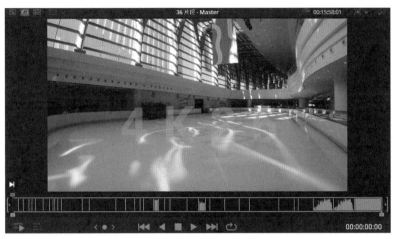

图4-5

- 时间线：单击该按钮后，会播放"时间线"面板中的媒体片段，可以通过快捷键Q在"源片段检视器"面板和"时间线检视器"面板之间切换。
- 安全区：在"时间线"显示状态下，单击"安全区"按钮，可以在弹出的下拉列表中看到各种比例的边框和字幕安全区域等，如图4-6所示，单击即可在"检视器"面板中显示，所有的安全框辅助线都可以叠加显示。
- 时间线下拉列表：在该下拉列表中可以方便地切换播放的时间线，如图4-7所示。

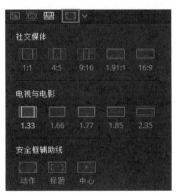

图4-6

图4-7

- 时间码：右上方的小时间码表示媒体片段的长度，右下方的大时间码表示当前播放位置。小时间码与"剪辑"工作区的"检视器"面板中的时间码略有不同，当播放媒体片段时，可以双击后直接输入媒体片段的长度值，以调整其出点的位置。大时间码与"剪辑"工作区的"检视器"面板中的时间码相同，双击后可以直接输入播放位置。

● 时间线分辨率 ：单击该按钮可以在弹出的
下拉列表中快速设置当前项目时间线的分辨率，如
图4-8所示，可以为同一个项目设置不同分辨率的时
间线，从而输出适合不同设备的视频。

● 绕过调色和Fusion特效 🔁（快捷键为Shift+D）：
该按钮处于开启状态时，调色和Fusion特效在"检视
器"面板中会显示；该按钮处于关闭状态时，不显示

图4-8   图4-9

调色和Fusion特效，从而提高计算机的性能，专注剪
辑操作。右击该按钮，在弹出的菜单中可以单独设置是否绕过调色或Fusion特效，如图4-9所示。

4.3.2 检视器效果工具功能

"检视器"面板下方常用的是"快速预览"按钮和"工具"按钮。

● 快速预览 ▶：当"检视器"面板在"源磁带"和"时间线"显示状态下时，单击"快速预览"按钮可
以快速定位媒体片段。快速预览时通常时间较长的媒体片段的播放速度较快，时间较短的媒体片段会自动慢速
播放，以使用户能够看清更多的细节。

● 工具 ▦：在"时间线检视器"面板中单击"工具"按钮，展开的工具栏中主要包括"变换 ❏""裁切 ❏"
"动态缩放 ❏""合成 ◎""变速 ◎""稳定 ◎""镜头校正 ❏""颜色 ❖""音频 ♫"等按钮，如图4-10所示，
这些按钮在"3.10'检查器'面板'视频'标签页功能详解"一节中已经进行了介绍。在"检查器"面板中同
样可以实现修改，只是在这里修改更加直接、便捷。"颜色"按钮用于实现自动调色，"音频"按钮用于实现音
量调整。

图4-10

4.4 "快编"工作区的双时间线操作

"快编"工作区的时间线非常有特色，是双时间线，如图4-11所示。上面的时间线用于显示整体，无论
在其中添加了多少媒体片段都会自动缩放，始终保持显示整条时间线，可用于排列故事板或者进行粗剪。下面
的时间线用于显示局部，显示比例是固定的，便于精准操作。该时间线的播放头默认是固定的，读者如果不习
惯，也可设置为自由模式，具体的操作方式后面会进行讲解。

> **注意**
>
> 在"快编"工作区的时间线轨道中，视频轨道和音频轨道是合在一起的。单条轨道同时包含视频和与其相链接的
> 音频，视频和音频可以单独关闭，当然也可以创建纯视频和纯音频的轨道。"快编"工作区的时间线处于波纹编辑状
> 态，会自动填补空隙，媒体片段会自动吸附在一起。

图4-11

4.5 时间线轨道头按钮

相关按钮的介绍如下。

• 锁定播放头 ：默认下面的时间线播放头处于锁定状态,位于时间线正中间不动,可以在时间线标尺上拖曳移动媒体片段。

• 自由播放头 ：将下面的时间线播放头变为自由状态,剪辑时可以拖曳播放头调整位置。

• 纯视频 ：单击该按钮将其激活后,将"媒体池"面板中的媒体片段添加到时间线上时只保留视频。

• 纯音频 ：单击该按钮将其激活后,将"媒体池"面板中的媒体片段添加到时间线上时只保留音频。注意,将纯音频片段拖曳到时间线的下面会自动创建音频轨道,如图4-12所示。

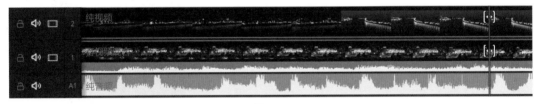

图4-12

注意

"快编"工作区的"时间线"面板中的音频轨道转入"剪辑"工作区的"时间线"面板后,音频轨道号并不是完全一一对应的,因为带有伴音的媒体片段进入"剪辑"工作区的"时间线"面板后,音频片段会自动分离到音频轨道上进行显示,轨道号会累加。

• 锁定轨道 ：单击该按钮将其激活后,会锁定轨道,防止误操作。

• 静音轨道 ：单击该按钮将其关闭后,轨道会静音。

• 禁用轨道视频 ：单击该按钮将其关闭后,轨道上将不再显示视频。

上述按钮用于对整条轨道进行操作,如果想单独关闭轨道上的某个媒体片段的音频或视频,可以在该媒体片段上右击,在弹出的菜单底部勾选或取消勾选"静音"或"启用"复选框。

• 吸附 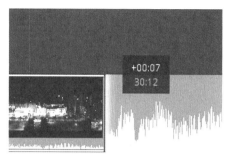：单击该按钮将其激活后，鼠标指针会自动吸附到
媒体片段上或播放头上，防止产生黑屏。

• 自动修剪 ▦：这是DaVinci 17新增的功能，该按钮被激活
后，在修剪时间线上带有音频的媒体片段时，会将音频波纹放大至
与整个媒体片段等高，便于精确找到音频的剪辑位置，如图4-13
所示。

• 添加标记 ▯：在时间线的播放头的位置添加标记，与"剪
辑"工作区中不同，这里只能将标记添加到时间线上，不能直接
添加到媒体片段上，添加备注和修改、删除操作等与之前介绍的相同。

图4-13

• 添加轨道 ▤：单击该按钮，可以在时间线上添加一条新的轨道，将媒体片段直接拖曳到时间线轨道的
最上方也可以自动添加新轨道。

4.6　时间线媒体片段的修剪和编辑

在"快编"工作区的"时间线"面板上方的工具栏中有一些修剪和编辑按钮，下面分别介绍。

▓ 4.6.1　单调片段检测器

"单调片段检测器"按钮 ▦ 是"快编"工作区独有的，用来自
动检测时间线上的视频片段是否较长时间都没有变化，或者是否有
镜头时长太短，还没有看清就被切掉的情况。单击该按钮后的效果
如图4-14所示，在这里可以设置单调片段和跳切片段的检测时长，
完成后单击"分析"按钮，会自动在媒体片段的相应位置给出提示。
单调片段用灰色半透明阴影表示，跳切片段用红色半透明阴影表示。

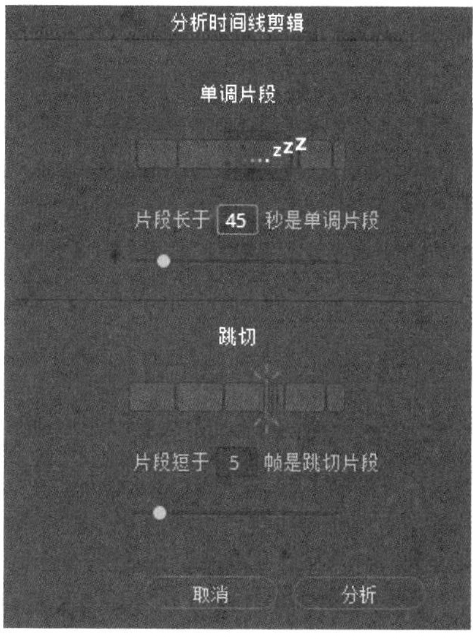

▓ 4.6.2　分割片段

"分割片段"按钮 ✂ 用来分割时间线上的媒体片段，通常使用快
捷键Ctrl+B（或Command+B）或Ctrl+\（或Command+\）来完成。

图4-14

▓ 4.6.3　智能化编辑工具

"时间线"面板上方的工具栏中还有一些按钮，如图4-15所示。与
"剪辑"工作区中的几个常用的编辑工具相比，这里的工具更加智能化，
更便于使用快编键盘等进行快捷操作。

图4-15

• 智能插入 ▯：单击该按钮后，当播放头靠近媒体片段的连接处时，会出现智能提示，如图4-16所
示。播放头不需要准确定位在连接处。使用快捷键进行智能插入时，可以从连接处插入媒体片段，十分方便
快捷。

- 附加 ：单击该按钮，可以将素材片段追加到时间线最后。

- 波纹覆盖：该功能可以理解为覆盖和替换的结合，使用该功能可以智能地将时间线播放头所在位置的媒体片段替换为源媒体片段。操作时只需将播放头移动至时间线上需要替换的媒体片段处，在"媒体池"面板中选择需要的源媒体片段，单击该按钮即可完成替换。

图4-16

- 特写：单击该按钮，默认让播放头所在位置最上层轨道的媒体片段生成一段长5秒的特写镜头，并添加到上层轨道。该按钮特别适合与"单调片段检测器"按钮配合使用，可以为检测出的单调片段建立特写镜头，避免单调。

- 叠加：单击该按钮，可以将源媒体片段添加到时间线媒体片段的上层。

- 源媒体覆盖：单击该按钮，在完成同步后，会自动将相同时间码的媒体片段添加到轨道上层。

4.6.4 常用的转场效果按钮及设置

工具栏右侧有3个转场效果按钮。

- 剪切：直接使用视频片段连接视频片段的拼接方式，如果视频片段之间有转场效果，单击该按钮可以将其删除。

- 叠化：单击该按钮，可以在视频片段之间添加一种类似融合过渡的效果，这也是一种默认的转场方式。

- 平滑剪接：单击该按钮，可以将视频片段A的画面平滑过渡到视频片段B的画面，该按钮特别适用于在人物采访类视频中间裁切语句后添加转场效果。

添加转场效果后"时间线"面板和"检视器"面板如图4-17所示。

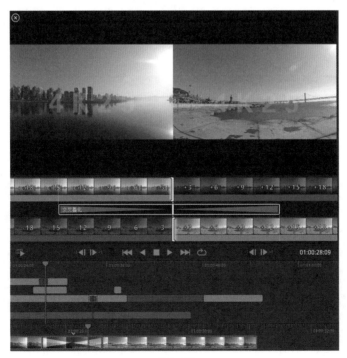

图4-17

添加转场效果后，"检视器"面板的下方会自动出现转场效果快捷修改面板，可以在其中直接拖曳修改，也可以单击"减一帧"按钮 ◀ 或"加一帧"按钮 ▶ 进行精准调节。

4.7 "转场""标题""特效"面板

"转场""标题""特效"面板是从"剪辑"工作区的"效果"面板中独立出来的，如图4-18至图4-20所示。它们的基本功能相同，具体参数同样使用"检查器"面板进行调整，第3章中已经介绍过，这里不再详述。

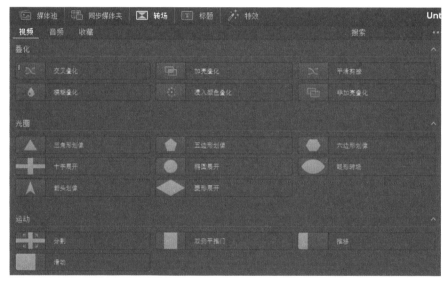

图4-18

图4-19

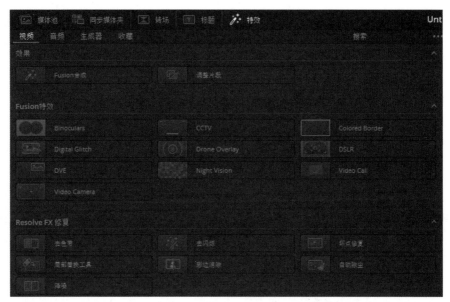

图4-20

4.8 同步媒体夹

在实际的影视拍摄过程中，通常通过时码器实现不同角度的摄像机、多台录音设备等的同步工作。后期制作的第一步就是将不同的音/视频片段进行对码，将同一时刻的音/视频片段对齐到时间线上，以便剪辑使用。当然，如果前期拍摄的媒体片段的数量较少，也可以使用声音对齐等方式。"快编"工作区中提供了自动同步方式，极大地提高了工作效率。

1. 同步媒体片段

使用时，先在"快编"工作区的"媒体池"面板中选择需要同步的媒体片段（包括视频片段和音频片段等），单击上面的"同步片段"按钮，会出现"同步片段"面板，如图4-21所示。

"同步依据"可按照需要选择，这里选择"音频"，然后单击"同步"按钮，即可完成同步操作。预览效果，如果没有问题则可以单击"锁定同步"按钮将该轨道锁定，最后单击"保存同步"按钮。

完成后，"媒体池"面板中的媒体片段的左上角会新增加一个同步标记，如图4-22所示。

2. 使用同步片段

先将一个基础的同步片段拖曳到时间线上，选择该同步片段，单击左上角的"同步媒体夹"按钮 同步媒体夹，会进入类似多机位的编辑状态，如图4-23所示。"媒体池"面板中会显示新的多轨时间线，"检视器"面板变成了多机位检视器状态，可以使用快捷键P让单一画面进入全屏状态。其操作与多机位操作类似，可以使用数字键进行快捷修剪，也可以单击"检视器"面板中相应的画面，或单击同步媒体夹的轨道编号。

将视频片段添加到时间线上的操作步骤如下。

1 播放视频片段，浏览各个镜头。

2 单击或用数字键选择效果较好的镜头（"检视器"面板中会单独显示该镜头的画面，退回多画面可按快捷键Esc）。

图4-21

图4-22

图4-23

3 单击"源媒体覆盖"按钮，此时该镜头的画面会自动添加到同步片段的上层轨道中，长度自动设置为5秒。

4 根据需要调整已添加的同步片段的长度。

4.9 快捷导出操作

将剪辑好的影片导出成最终成片的工作是在"交付"工作区中完成的,该过程在后面的章节中会进行详细介绍。这里介绍一种更加快捷的导出方法,方便在导出样片时使用。"快编"工作区中的操作和"剪辑"工作区中的操作相同。

1 在时间线上选择导出范围。使用入点(快捷键为I)和出点(快捷键为O)在时间线上设置影片导出范围。如果需要导出单独的某个媒体片段,只需要将播放头移动到该媒体片段处,按快捷键X即可快速设置导出范围。如果需要导出全部影片,可以使用快捷键Alt+X或Option+X取消入点和出点的设置。

2 执行"文件>快捷导出"命令,选择导出格式H.264或H.265,如图4-24所示。单击"导出"按钮,在弹出的对话框中选择导出路径并命名导出片段,单击"确定"按钮即可完成导出操作。

图4-24

在实际操作过程中,可以使用快捷导出的方法对添加了很多效果后出现卡顿的媒体片段进行导出操作,以观看其实际效果。

第 5 章

高级进阶：
视频剪辑高级进阶实例

本章通过几个具体实例，进一步深入讲解剪辑操作，主要包括制作动态相册、套底操作、三点剪辑操作、变速操作、制作动态标题文字、使用滤镜和制作特效视频等。本章主要讲解的是剪辑的技术，其实剪辑是一门艺术，想要在该方向上发展的读者，可以更加深入地学习剪辑的艺术手法。

5.1 实例：制作动态相册

旅行途中拍摄了很多照片，将它们制作成动态相册会更加生动，和朋友分享也显得更有特色。本实例从简单动画入手，循序渐进地介绍合成的方法，主要涵盖关键帧动画、变速、特效等知识，读者可以由此衍生出无穷创意。读者应明白，进行视频后期制作时，技术只是基础，艺术表现效果才是决定作品质量的关键。

1. 进行项目设置并新建一个项目

启动软件后，单击主界面右下方的"项目设置"按钮 ⚙（快捷键为Shift+9），将"主设置"中的"时间线分辨率"设置成"1920×1080HD"，将"时间线帧率"设置成"25"，"播放帧率"会自动同步成"25"，如图5-1所示。如果有通过SDI连接的监视器，则可以在"视频监看"栏中的"视频格式"下拉列表中进行相应的设置，单击"保存"按钮完成设置。单击主界面右下方的"项目管理器"按钮 🏠（快捷键为Shift+1），单击"新建项目"按钮，将项目命名为"动态相册"。

图5-1

2. 导入媒体文件

可以导入旅行时拍摄的视频、音频、照片等媒体文件。单击主界面底部的"媒体"按钮 🎞（快捷键为Shift+2），进入"媒体"工作区。在"媒体存储"面板中找到媒体文件所在的文件夹，如果照片是使用连续数字命名的，则其会以序列图片的形式叠加在一起，可以单击"媒体存储"面板右上角的"设置"按钮，在弹出的下拉列表中选择"帧显示模式>单个"选项，如图5-2所示，将照片都显示出来再进行挑选。将挑选好的照片拖曳到下部的"媒体池"面板中。

图5-2

3. 添加关键词便于管理

在"媒体池"面板中框选所有名称中带"吐鲁番"的照片，展开"元数据"面板，选择"所有群组"选项，在"关键词"文本框中输入"吐鲁番"，按Enter或Return键确认，如图5-3所示。单击右下角的"保存"按钮，完成关键词的输入。使用同样的方法，选中呼伦贝尔航拍照片，输入关键词"呼伦贝尔"后按Enter或Return键确认，再输入关键词"航拍"，最后保存，完成两个关键词的输入。此时展开"媒体池"面板中智能媒体夹列表中的"Keywords"选项，可以看到已经列出了刚刚添加的关键词，如图5-4所示，这样方便查找素材。

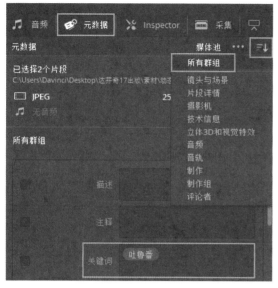

图5-3   图5-4

4. 添加到时间线

进入"快编"工作区，右击左上方"媒体池"面板的空白处，在弹出的菜单中执行"新建时间线"命令（快捷键为Ctrl+N或Command+N）。由于之前已经设置好了项目，因此这里使用默认设置即可，单击"创建"按钮完成设置。挑选照片并将其拖曳到时间线上，每个照片会自动成为5秒长的媒体片段（默认时长可以在偏好设置对话框中选择"用户>剪辑>标准静帧时长"选项进行修改）。注意，由于照片的分辨率与时间线的分辨率不同，因此如果出现黑边，可以选择该媒体片段，然后在"检查器"面板的"视频"栏的"变速与缩放设置"中，将"缩放比例"设置为"填充"，如图5-5所示，也可以执行"文件>项目设置"命令，在"图像缩放调整"中进行统一设置。

图5-5

5. 动态缩放动画

在"快编"工作区中可以完成简单动画的制作。单击"检视器"面板中的"工具"按钮，然后单击"动态缩放"按钮，如图5-6所示。底部工具栏中的按钮从左至右依次为："启用"按钮、"缩放预设"按钮、"平移预设"按钮和"角度预设"按钮、"交换"按钮、"线性"按钮、"缓入"按钮、"缓入与缓出"按钮、"缓出"按钮、"全部重置"按钮。

图5-6

下面举例说明，将时间线播放头移动至待调整的媒体片段上，分别单击"启用""缩放预设"按钮，观察"检视器"面板中绿色方框和红色方框是否是绿框大、红框小，如果不是就单击"交换"按钮，最后单击"缓出"按钮。在"检视器"面板中缩小红色方框，框住主体，如图5-7所示。最终实现的效果是先显示全图，然后将目标主体逐渐放大，如图5-8所示。

图5-7

图5-8

6. 关键帧动画

进入"剪辑"工作区，将时间线播放头移动至第二个媒体片段的开始处，将其选中，展开"检查器"面板，激活"变换"栏的关键帧，记录当前状态。将播放头移动至该媒体片段的结尾处，再次单击"变换"栏的关键帧，调整相关参数，即可实现缩放或平移等变换动画效果。

下面介绍如何直接在曲线图上制作动画。放大"时间线"面板，单击媒体片段右侧的"关键帧"按钮◆和"曲线"按钮〰，如图5-9所示。选择"关键帧"面板中的"竖轴旋转"选项，然后在曲线上添加关键帧并调整关键帧的位置，单击"缓入与缓出"按钮调整曲线的平滑度，形成沿竖轴旋转的效果，如图5-10所示。

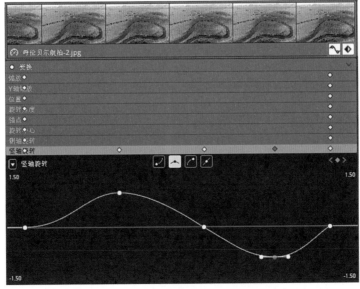

图5-9

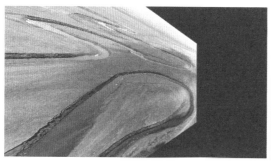

图5-10

7. 组合动画

选择一个媒体片段，将其拖曳到上方轨道，并缩放到约1/5的长度，然后拖曳到左上方。选择"生成器"中的"纯色"效果，如图5-11所示，生成纯色片段并拖曳到媒体片段的下方轨道。在"检查器"面板中将其调整为白色，缩放并移动至照片底部，制作边框效果。用同样的方法制作其他3个媒体片段的效果，时间线如图5-12所示，完成后的效果如图5-13所示。

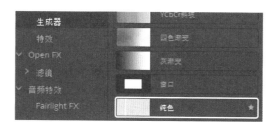

图5-11

图5-12

图5-13

选中以上所有片段（不包括V1轨道中的背景），右击"新建复合片段"按钮，在弹出的对话框中将其命名为"四分照片"，如图5-14所示。可以看到上方轨道中的片段全部整合到了一个复合片段中。如果需要修改，可以右击该片段，在弹出的菜单中执行"在时间线上打开"命令，重新进行剪辑。

图5-14

然后就可以将复合片段作为一个完整的视频片段进行动画制作了，例如使用关键帧制作缩放、侧轴、竖轴旋转和位移动画等，如图5-15所示。

图5-15

在"检视器"面板中的红色路径上可以直接添加关键帧，还可以将其修改为平滑模式等，从而对动画路径进行修改，如图5-16所示。

8. 视频拼贴画

使用"视频拼贴画"效果，可以非常方便、快捷地完成拼贴效果的制作，操作方法如下。

1️⃣ 将照片添加到视频轨道上（保持全屏大小，不用缩放），V1轨道的照片作为背景，其余4个轨道的照片作为拼贴图，如图5-17所示。

图5-16

2️⃣ 选中4张拼贴图，执行"效果>Open FX>Resolve FX>视频拼贴画"命令，为其添加"视频拼贴画"效果。选择V1轨道的照片，执行"检查器>效果"命令，在"视频拼贴画"的"工作流程"下拉列表中选择"创建背景"，如图5-18所示，将其设置为背景画面。

图5-17

图5-18

3️⃣ 将V2轨道的照片的"工作流程"设置为"创建贴片"，在"活动的贴片"下拉列表中选择"Tile1"选项，如图5-19所示。

4️⃣ 使用同样的方法将其他轨道的照片分别设置为Tile2、Tile3和Tile4。可以为贴片设置边框，再在"贴片方式"

栏中调整相关参数，如图5-20所示。

图5-19

图5-20

全部设置完成后的效果如图5-21所示。

图5-21

本实例还可以进行更多的设置，如设置数量、调整大小、设置动画等，这里就不一一介绍了，读者可以根据设计需要自行尝试。

> **技巧**
>
> 如果视频拼贴画较多或设置较为复杂，可以设置完成一个后右击，在弹出的菜单中执行"复制"命令，然后在其他媒体片段上右击，在弹出的菜单中执行"粘贴属性"命令。

5.2 实例：套底操作

套底是传统胶片时代的影视制作专业术语。将视频用视频剪辑软件剪辑后，导入DaVinci进行调色的过程被称为套底，而将调色完成后的视频返回剪辑软件的过程被称为回批。使用DaVinci 17可以很好地完成套底和回批操作。下面通过介绍套底操作，帮助读者了解视频剪辑软件之间的协作方法。

1. 导出时间线

在Premiere Pro（以下简称Pr）或Final Cut Pro（以下简称FCP）中新建一个项目，完成视频的剪辑工作，然后导出剪辑好的视频（这里不需要导出高质量的视频，因为只用检查时间线套底是否准确），注意还要导出时间线，通常使用XML格式。

· Pr中的导出方式：执行"文件>导出>Final Cut Pro XML"命令，如图5-22所示。

· FCP中的导出方式：执行"文件>导出 XML"命令，弹出对话框，如图5-23所示，设置好名称和导出位置，单击"存储"按钮。

图5-22

图5-23

2. 导入DaVinci中

在DaVinci中执行"文件>新建项目"命令，或在项目管理器中新建一个项目，使用与之前相同的分辨率和帧速率。

执行"项目设置>常规选项>套底选项"命令，选择"内嵌在源片段中"单选项，勾选"自动套底添加到媒体池的丢失片段""协助使用的卷名来自："复选框，选择"内嵌在源片段文件"单选项，如图5-24所示，然后单击"保存"按钮。

图5-24

执行"文件>导入>时间线"命令，弹出的对话框如图5-25所示。这里的"自动设定项目设置"和"自动将源片段导入媒体池"两个复选框根据实际情况勾选，如果使用摄像机中的原始素材，可以取消勾选。可以勾选"匹配时忽略文件扩展名"复选框，需要保持主文件名一致。

确定设置后，在弹出的对话框中选择媒体素材所在的文件夹，完成后即可在DaVinci中看到同样的时间线项目。

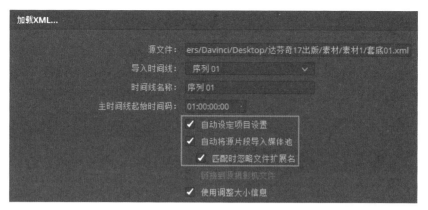

图5-25

3. 通过离线参考视频片段进行比对

导入的视频作为离线参考视频片段。在"媒体"工作区的"媒体存储"面板中找到刚刚导出的"套底01"参考视频，注意这里不要直接导入，在该媒体素材上右击，在弹出的菜单中执行"作为离线参考片段添加"命令，如图5-26所示，离线参考视频片段的缩略图上会显示棋盘格图标，如图5-27所示。

进入"剪辑"工作区，在"媒体池"面板中的"序列01"时间线的素材片段上右击，在弹出的菜单中执行"链接离线参考片段"命令，在子菜单中选择刚刚导入的离线参考视频片段"套底01.mp4"，如图5-28所示。

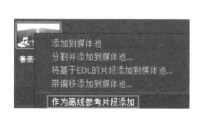

图5-26

套底01.mp4

图5-27

图5-28

在"源片段检视器"面板的左下角将显示模式切换成"离线"，如图5-29所示，这样就可以与刚刚导入的XML格式的时间线进行对应检查，避免导入时出错。在时间线上按↑键和↓键，可以快速查看并匹配各离线参考视频片段。

用户还可以在"时间线检视器"面板上右击，从弹出的菜单中选择任意一种划像模式，如图5-30所示，如果画面有差别，可以很容易地发现。

图5-29

图5-30

在DaVinci 17中可以用更简单的方法进行比对。进入"剪辑"工作区，将剪辑好的视频导入"媒体池"面板，双击该视频，将其在"源片段检视器"面板中打开，确保"源片段检视器"面板和"时间线检视器"面板中的播放头都在起始位置，单击"时间线检视器"面板右上角的"设置"按钮，在弹出的下拉列表中选择"联动检视器"选项，如图5-31所示。将时间线播放头移动至各连接位置，查看画面是否一致。

图5-31

4. 完成套底工作并进行调色

完成套底工作后，就可以在DaVinci中进行调色等操作了，具体操作将在后续章节中详细介绍。

5. 交付并回批

进入"交付"工作区，在这里可以导出调色完成的时间线和视频片段。"交付"工作区的顶部有导出软件下拉列表，可以在其中根据实际需要选择导出软件，如选择Final Cut Pro X，如图5-32所示。

图5-32

选择要导出的软件后，在参数面板中设置好文件名、存储位置及导出视频的格式（应使用较高质量的视频格式，确保最终输出的画面质量较好，具体操作在后续介绍"交付"工作区时会进行详细介绍），全部设置完成后，单击底部的"添加到渲染队列"按钮，在"渲染队列"面板中单击"渲染所有"按钮，完成导出操作。此时会在设置的存储位置生成一个XML格式的时间线文件和所有视频片段。可以将其导入剪辑软件并完成后续剪辑工作。

在DaVinci 17中，已经可以完成最终的调色、添加特效及打包交付等操作，读者可以根据项目情况及工作流程灵活运用。

5.3 实例：三点剪辑操作

三点剪辑操作是各类剪辑软件中通用的剪辑方法。所谓三点，是指源媒体片段上的入点和出点，以及时间线上的入点和出点中的任意3个点的组合，组合后即可准确地将所需要的源媒体片段剪辑到时间线的相应位置。三点剪辑操作效果如表5-1所示。

表5-1　三点剪辑操作效果

序号	源媒体片段设置	时间线设置	时间线效果
1	入点①，出点②	入点③	①与③对齐，②决定长度
2	入点①，出点②	出点④	②与④对齐，①决定长度
3	入点①	入点③，出点④	①与③对齐，④决定长度
4	出点②	入点③，出点④	②与④对齐，③决定长度

三点剪辑的具体操作如下。

可以打开一个辅助显示功能，便于更加直观地进行操作。勾选"显示>显示预览标记"复选框，时间线或

"源片段检视器"面板上会出现蓝色标记⟦⟧。

当序号为1时，会按照源媒体片段选取长度，时间线上会自动辅助显示出点位置。

当序号为2时，会按照源媒体片段选取长度，时间线上会自动辅助显示入点位置。

当序号为3时，会按照时间线选取长度，"源片段检视器"面板上会自动辅助显示出点位置。

当序号为4时，会按照时间线选取长度，"源片段检视器"面板上会自动辅助显示入点位置。

> **说明**
>
> 如果"源片段检视器"面板上没有显示，可能是在时间线上选取的片段的时间过长，超过了源媒体片段的长度。

图5-33

序号1的操作如下。

1 在"源片段检视器"面板上设置视频片段的出点和入点，如图5-33所示。

2 在时间线上设置入点，如图5-34所示，会有蓝色的标记指示出点的位置。拖曳时间线上的蓝色标记，"源片段检视器"面板中出点的位置会同步调整。

3 可以执行覆盖等操作，这些操作将直接作用于时间线的入点和蓝色标记之间的片段上，如图5-35所示。

图5-34

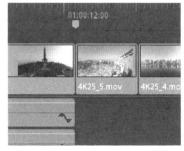

图5-35

序号2的操作如下。

1 在"源片段检视器"面板上保持视频片段的出点和入点不变。

2 在时间线上设置出点（取消设置的快捷键为Alt+X或Option+X），如图5-36所示，会有蓝色的标记指示入点的位置。拖曳时间线上的蓝色标记，"源片段检视器"面板中入点的位置会同步调整。

3 可以执行覆盖等操作，这些操作将直接作用于时间线的入点和蓝色标记之间的片段上，如图5-37所示。

图5-36

图5-37

序号3、序号4的操作同理，首先在时间线上设置好入点和出点，然后在"源片段检视器"面板中设置入点，蓝色标记会自动标记出点的位置，最后设置出点，蓝色标记会自动标记入点的位置。可以根据指示，选取需要的视频片段进行相关剪辑操作。

5.4 实例：变速进阶方法

变速操作是视频剪辑的基本操作之一，特别是在当前非常流行的短视频的制作中经常使用。变速的方法有很多，在之前的3.10.6小节中，介绍了使用"变速"参数对视频片段进行变速的操作。当右击时间线上的视频片段时，在弹出的菜单中可以看到"更改片段速度""变速控制""变速曲线"3个命令，如图5-38所示。

图5-38

▌5.4.1 更改片段速度

新建一个项目，并命名为"变速操作"，导入几段草原航拍的视频，例如"素材2"文件夹中的"4K_25_7""4K_25_8""4K_25_12""4K_25_13"等片段，并将其拖曳到时间线上，在弹出的对话框中同意调整分辨率，让其与视频片段的分辨率保持一致。在时间线上右击视频片段"4K_25_7"，在弹出的菜单中执行"更改片段速度"命令（或直接选择视频片段后按快捷键R）。由于无人机的飞行速度较慢，通常镜头变化会比较慢，这里将"速度"调整为"400%"，勾选"波纹时间线"复选框，如图5-39所示。因为提速后，视频片段在时间线上会变短，后续的视频片段可以同步前移，避免产生空隙。如果有伴音，还可以勾选"音调校正"复选框，避免因变速而导致音调变得很奇怪。

图5-39

▌5.4.2 变速控制

如果需要对一个视频片段进行速度变化的调整（例如先快后慢或时快时慢等），使用"变速控制"会更加方便。在时间线上选择需要调整的视频片段（这里选择"4K_25_12"）后右击，在弹出的菜单中执行"变速控制"命令（快捷键为Ctrl+R或Command+R），在"时间线"面板上将该视频片段在垂直方向和水平方向上放大，以便操作，如图5-40所示。

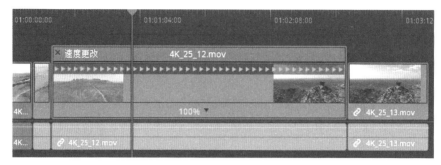

图5-40

单击"100%"按钮，弹出的下拉列表如图5-41所示。

如果要对该视频片段整体进行变速，可直接选择"更改速度"选项，在子列表中选择速度值；如果该视频片段需要分成几部分变速，可选择"添加速度点"选项，会在该视频片段播放头所在的位置增加控制手柄，如图5-42所示。

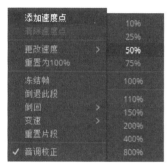

图5-41

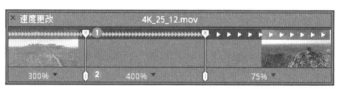

图5-42

- 速度控制手柄：拖曳速度控制手柄可以更加精细地改变其左侧的视频片段的速度。
- 速度分割手柄：拖曳速度分割手柄可以改变其在视频片段上的位置，而不会改变视频片段的速度。

可以看到，这样虽然实现了在同一个视频片段上设置不同的速度变化，但是当速度分割点两侧的视频片段的速度变化较大时就会产生跳变，得到的效果并不自然，这时就需要用到下面的方法进行调整。

5.4.3　变速曲线

右击该视频片段，在弹出的菜单中执行"变速曲线"命令，会在视频片段下方出现"重新调整帧变速"曲线（如果没有显示，可以将时间线在垂直方向上放大），如图5-43所示。

- 控制点：可以直接拖曳调整，在水平方向上拖曳为调整速度分割点的位置，在垂直方向上拖曳为调整速度值。两个控制点之间的线段为水平状态表示速度为0，斜率越大，速度的绝对值越大（也可为负）。速度的绝对值变化时，控制点左右两侧的视频片段会同步反向变化，时间线上的视频片段的总长度不变。
- "平滑"或"线性"按钮：选择控制点，单击上面中间左侧的"平滑"按钮，会实现平滑过渡；单击"线性"按钮则会直接变化。
- 平滑控制手柄：将控制点设置为平滑点后，会出现平滑控制手柄，向两侧拖曳可以提高平滑度。
- 关键帧按钮：用于添加控制点。

- 曲线项目下拉列表：展开后选择"重新调整变速"选项，会显示另一种调整速度的曲线，如图5-44所示。

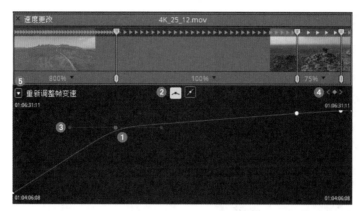

图5-43

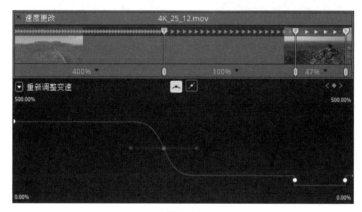

图5-44

注意，控制点只能左右拖曳，相当于调整速度分割点的位置。两个控制点之间的线段可以上下拖曳，以调整速度值，但变化范围有限，为0%~500%。控制点也可以设置为平滑过渡模式，设置方法与"重新调整帧变速"曲线的控制点的设置方法相同。

5.5 实例：制作动态标题文字

本实例主要介绍添加标题文字效果的方法。

1 进入"剪辑"工作区，新建一个项目，命名为"标题字幕"。

2 展开左上角的"媒体池"面板，在该面板上右击，在弹出的菜单中执行"导入媒体"命令，在弹出的对话框中选择"素材2：不同场景练习视频"文件夹中的"4K_25_7""4K_25_8""4K_25_12""4K_25_13"等片段，并将其拖曳到时间线上。在弹出的对话框中同意更改时间线帧速率，让其与媒体素材的分辨率保持一致。

3 在时间线上调整媒体片段的位置，可以选择媒体片段后，使用快捷键Ctrl+Shift+,或Command+Shift+,向左交换媒体片段；使用快捷键Ctrl+Shift+.或Command+Shift+.向右交换媒体片段。

4 添加文字片段。展开"效果"面板，在左侧列表中选择"标题"选项，在右侧字幕中选择"文本"选项，将其拖曳到时间线视频轨道的上一层（"Text"的功能更强大，在学习"Fusion"工作区之后会进行讲解）。

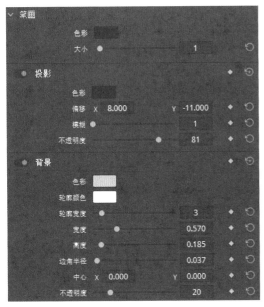

图5-45

5 选择刚刚添加的文字片段，展开"检查器"面板，选择"视频"标签页中的"标题"选项，展开的面板如图5-45所示，在这里可以修改文本内容、字体、颜色、大小等。修改"笔画"参数，为标题文字添加描边。修改"投影"栏中的"色彩""偏移""模糊""不透明度"参数，可以让标题文字产生阴影。修改"背景"栏中的"色彩""轮廓颜色""轮廓宽度""宽度""高度""边角半径""X""Y""不透明度"等参数，效果如图5-46所示。

图5-46

6 为添加特效及制作动画做准备。在时间线上按住Alt或Option键的同时，拖曳刚刚创建的文字片段至V3轨道上，使用同样的方法再复制一个文字片段至V4轨道上。单击底部轨道的文字片段，删除文字，只保留背景，用于制作背景动画。其余两个轨道中只保留文字，关闭背景，用于制作文字动画。在顶层的文字片段上右击，在弹出的菜单中执行"新建复合片段"命令，将其转换成复合片段后，就可以添加各种特效和滤镜了。

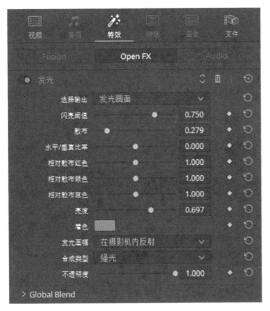

图5-47

7 添加特效。展开"效果"面板，选择"Open FX>Resolve FX光线"中的"发光"效果，将其拖曳到顶层刚刚转换的复合片段上，按照图5-47所示调整各参数，效果如图5-48所示。可以看到，标题文字上添加了发光效果。

图5-48

8 通过添加关键帧的方法添加动画。V2轨道文字背景关键帧的设置：在0秒处，在"检查器"面板的"视频"标签页的"设置"栏中选择"合成"下的"不透明度"选项，添加关键帧并将其设置为0；在1秒处添加关键帧并将其设置为100，使其淡入；在4秒处添加关键帧并将其设置为100；在5秒处添加关键帧并将其设置为0，使其淡出。V3轨道文字片段关键帧的设置：在0秒处，在"检查器"面板的"视频"标签页的"设置"栏中选择"裁切"下的"裁切右侧"选项，添加关键帧并将滑块拖曳至最右侧（1920）；在1秒处添加关键帧并将滑块拖曳至最左侧（0），可以看到白色文字从左至右出现；在3秒处添加关键帧，在4秒处添加关键帧并将滑块拖曳至最右侧（1920）使其消失。V4轨道发光文字关键帧的设置：片段复合后，如果要修改原始文字片段，则需要双击该复合片段，进入原始文字片段的时间线进行调整。这里只需对复合片段进行关键帧的添加操作，在1秒处，在"检查器"面板的"视频"标签页的"合成"栏中选择"不透明度"选项，添加关键帧并将其设置为0，在2秒处添加关键帧并将其设置为100，在4秒处添加关键帧并将其设置为100，在复合片段最后一帧处添加关键帧并将其设置为0。在4秒处，在"检查器"面板的"视频"标签页的"变换"栏中选择"放大"选项，添加关键帧并将其设置为1，在复合片段最后一帧处添加关键帧并将其设置为15，使其放大后消失。进入"效果"标签页，在2秒处，在"检查器"面板的"效果"标签页的"发光"栏中选择"颜色与合成"下的"增益"选项，添加关键帧并将其设置为0.5，在4秒处添加关键帧并将其设置为1.442，使得文字产生发光效果，如图5-49所示。

这里只是介绍一些制作关键帧动画的方法，实际制作时，读者可以根据实际需要调整参数。例如，可以为复合片段制作裁切动画，实现MV字幕效果，如图5-50所示，具体操作留给读者自己尝试。

<table>
<tr><td>图5-49</td><td>图5-50</td></tr>
</table>

图5-49　　　　　　　　　　　　　　　　　　　图5-50

9 如果制作好的动画播放时会卡顿，则可以在文字片段上右击，在弹出的菜单中执行"渲染缓存调色输出"命令；在复合片段上右击，在弹出的菜单中执行"渲染缓存OFX滤镜>发光"命令。执行"播放>渲染缓存>用户"命令及"播放>时间线代理模式> Half Resolution（一半分辨率）"命令也可以实现加速播放。如果效果仍然不好，则还可以在时间线中的该片段上右击，在弹出的菜单中执行"渲染到位置"命令或按照4.9节介绍的执行"文件>快捷导出"命令，将动画渲染输出后查看。

5.6　实例：使用滤镜和特效制作视频

本实例主要使用"效果"面板中的特效或滤镜制作一些效果，并介绍不同的特效类型，以及同类或不同类特效的应用顺序调整技巧等。

参照之前的实例，新建一个项目，设置名称为"特效滤镜"，新建时间线，设置分辨率为"1920×1080HD"、帧率为"25"。将"素材2"文件夹中的"4K_50_06"添加到"媒体池"面板中,并将其拖曳到时间线上。将视频片段切割成每6秒一段。

1. 第一个视频片段

1 为第一个视频片段设置摄像机俯拍效果。展开"效果"面板,为第一个视频片段添加"效果"标签页"Fusion特效"下的"Video Camera"特效,以及"效果"标签页"Open FX"下"滤镜"中"Resolve FX生成"下的"网格"滤镜和"Resolve FX变换"下的"摄影机晃动"滤镜,如图5-51所示。

2 展开"检查器"面板。在"效果"标签页"Fusion特效"下的"Video Camera"栏中,可以修改特效的参数。

3 在"效果"标签页的"Open FX"中修改"网格"滤镜的"单元格行或列""行属性""变换控制"等参数,使其类似摄像机中的网格参考线。通过修改"全局混合"栏中的"混合"参数,可以调整网格参考线的合成度。

4 展开"摄影机晃动"面板,降低模拟晃动的"运动幅度"和"运动速度"参数值,模拟摄像机取景时的画面效果,如图5-52所示。

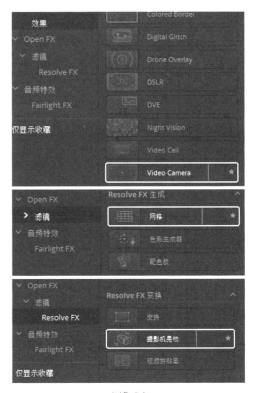

图5-51

按照上述操作设置完成后,虽然可以实现各种效果,但是会出现一些细节问题,主要是摄像机框线和网格参考线会和画面同步晃动。下面通过调整特效的顺序来解决该问题,这也是使用效果时要特别注意的地方。

第一种情况:在"效果"标签页中选择"Open FX"子标签,单击滤镜名称栏的中间位置将其收起,单击右侧的█按钮将"摄影机晃动"滤镜调整至上一层级,如图5-53所示。

图5-52

图5-53

第二种情况:如果同时叠加了Fusion特效,通常Fusion特效优先于Open FX特效,如果需要将其放在Open FX特效之后,可以在时间线上该视频轨道的上一层添加一个调整片段。先在"效果"标签页的"Fusion"中将"Video Camera"关闭,如图5-54所示;然后将"效果"标签页的"效果"下的"调整片段"拖曳到第一个视频片段的上一层轨道,并将它们调整至相同长度,如图5-55所示;最后将"Video Camera"特效拖曳到该调整片段上。

图5-54

图5-55

通过以上调整，可以看到摄像机框线和网格参考线都保持不动，只有画面在轻微抖动，以此来模拟真实的拍摄场景。

2. 第二个视频片段

为第二段视频片段制作望远镜夜视效果。添加"效果"标签页的"Fusion特效"下的"Night Vision"特效和"滤镜"下的"Resolve FX模糊"中的"镜头模糊"滤镜；在该视频片段上方添加调整片段，添加"效果"标签页的"Fusion特效"下的"Binoculars"特效。为了模拟望远镜对焦效果，选择"检查器"面板"效果"标签页中"Open FX"下的"镜头模糊"的"控制"中的"模糊大小"选项，

图5-56

添加关键帧，将视频片段开头关键帧的模糊值设置为5；间隔约半秒设置关键帧的模糊值为3，模拟快速变焦效果；再间隔约1秒设置关键帧的模糊值为2，模拟慢速变焦效果，如图5-56所示。

3. 第三个视频片段

为第三个视频片段设置武器捕捉攻击目标的效果。添加"效果"标签页"Fusion特效"下的"CCTV"和"Drone Overlay"特效，用来模拟武器选择并锁定目标的效果。然后在"检查器"面板的"视频"标签页的"变换"栏中为该视频片段的3~6秒设置缩放和位置参数，使目标始终保持在中心位置并放大，效果如图5-57所示。具体的操作留给读者自己进行。

图5-57

5.7 实例：模拟电影视频效果

很多人喜欢将影片模拟成电影效果，通常称之为电影感。电影感只是一种风格，喜欢与否要看个人的爱好。有人总结出简单的制作技巧：选材有主题，调色加黑边，文案中英文，音乐要深沉。当然这不是标准的制作技巧。下面通过一个实例介绍模拟电影视频效果的方法。

1 设置好项目（通常电影的放映标准是每秒24帧，这里只是模拟）。新建一个项目并命名为"模拟电影效果"。本实例选择了"素材2"文件夹中的"4K_25_6"视频素材，将其添加到"媒体池"面板中，并添加到时间线上，从开头节选9秒长的视频片段。

2 调色是后面章节需要学习的内容，这里先不讲解。在DaVinci中为画面上下位置添加一定宽度的黑色遮幅的操作比较简单，执行"时间线>输出加遮幅"命令，选择2.39：1这种电影画面通常使用的长宽比例。

3 在时间线上右击，在弹出的菜单中执行"添加字幕轨道"命令，然后在字幕轨道上右击，在弹出的菜单中执行"添加字幕"命令，添加一个字幕片段，拖曳字幕片段可以调整字幕出现的时间，这里通过复制粘贴的方式添加3个字幕片段。双击字幕片段，在"检查器"面板的"视频"标签页的"字幕"中添加字幕内容，如"在都市宁静的夜晚""仍有一群忙碌的人""在默默为这个城市奉献"，当然还要配上英文，如图5-58所示。选择"风格"标签，修改字体和对齐方式等，如图5-59所示。在这里进行的修改，对整个字幕轨道都有效，这就是字幕轨道的最大优点。字幕轨道如图5-60所示。

图5-58

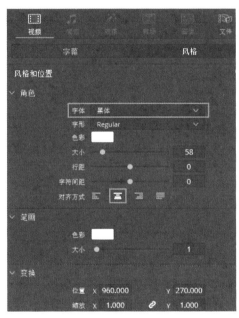

图5-59

图5-60

4 添加一段深沉的音乐。在现有音频片段上右击，取消勾选"链接片段"复选框，然后单独选择该音频片段，使用BackSpace键将其删除（这里主要是航拍视频，如果是地面摄像机拍摄的视频，则可以将该音频作为音效适当加入）。添加合适的音乐，再添加一段有关工程施工的背景音乐。可以简单拖曳控制手柄制作音频片段的淡出效果。可以通过设置音量关键帧的方式，让施工音频片段的音量伴随镜头的推进而逐步变大，如图5-61所示，这样使人更有身临其境的感觉。最终效果如图5-62所示。

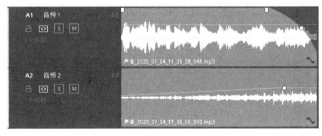

图5-61

图5-62

5.8　多机位剪辑

"多机位剪辑"可以简单理解为针对同一个表演，使用不同的摄像机拍摄不同的角度或景别，通过剪辑在不同的镜头间切换，这样便于更全面地进行展示，避免画面枯燥。DaVinci中有多种方法可以完成多机位剪辑。

▌5.8.1　用源视频片段制作多机位片段

1 选择多机位拍摄的视频素材，将其拖曳到"媒体池"面板中。

2 框选或按住Ctrl（或Command）键，选择多机位视频片段并右击，在弹出的菜单中执行"使用所选片段新建多机位片段"命令。

3 弹出"新建多机位片段"对话框，如图5-63所示。设置相应的参数，其中主要参数的介绍如下。

● 起始时间码：默认从时间线起点开始。

● 多机位片段名称：可根据需要自定义。

● 帧速率：跟项目的帧速率保持一致。

● 角度同步方式：展开下拉列表，根据多机位片段的

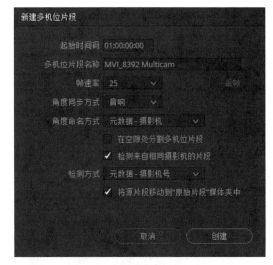

图5-63

实际情况进行选择。如果拍摄设备都安装了时间码同步设备，则这里选择"时间码"选项更为便捷准确；如果没有则可以选择"音响"选项，也就是让声音同步；如果同步出现问题，则可以手动调整入点、出点、标记等以实现同步。

● 角度命名方式：可根据实际使用需要，使用摄像机编号，勾选"检测来自相同摄影机的片段"复选框，底部的"检测方式"选项会被激活，选择"元数据-摄影机号"选项，这样可以方便地将同一个摄像机拍摄的不同视频片段整理到同一个轨道。需要注意的是在视频片段的元数据中，摄影机号可能并不准确，这里只需要

在"元数据"面板或"文件"面板中手动修改，将相同摄像机拍摄的视频片段编成相同摄影机号即可。

• 将源片段移动到"原始片段"媒体夹中：默认勾选，在"媒体池"面板中生成新的多机位片段的同时，会将原始视频片段整理到"原始片段"媒体夹中。

全部设置完成后，单击"创建"按钮。

此时会在"媒体池"面板中生成一个多机位片段，其左下角带有多机位图标 ⊞，将其拖曳到"时间线"面板中，双击该多机位片段，可以在"检视器"面板中进行多机位编辑，如图5-64所示。

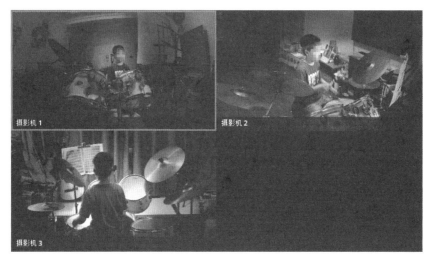

图5-64

右击视频片段，在弹出的菜单中执行"在时间线上打开"命令，可以看到软件自动将3个视频片段按照声音进行了对齐，并且3个视频片段处于锁定状态，如图5-65所示。

多机位片段修剪操作可以在"剪辑"工作区中完成。先将双检视器显示出来，双击"媒体池"面板中的多机位片段，在"检视器模式"下拉列表中选择"多机位"选项，如图5-66所示。

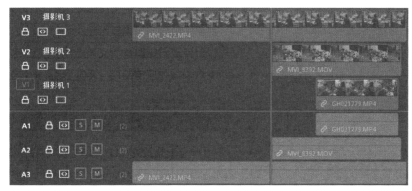

图5-65   图5-66

在"时间线"面板上播放该多机位片段，在相应的镜头上单击，即可实现画面的实时切选，所选画面会在右侧的"时间线检视器"面板上直接显示，如图5-67所示，也可以使用对应的数字键进行快捷操作。如果对所选镜头不满意，还可以按住Alt或Option键重新调整镜头。

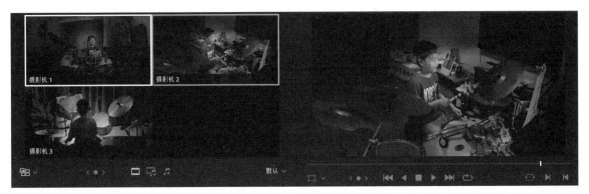

图5-67

"多机位检视器"面板底部的3个按钮 ▭ ▱ ♫ 分别是"视频""音视频""音频"按钮。通常挑选一个效果最好的音频保持不变，然后切选视频。

多机位剪辑完成后，右击时间线上的多机位片段，在弹出的菜单中执行"拼合多机位片段"命令可以将多机位片段整理为视频片段的形式，以减少对资源的占用。

5.8.2 用时间线制作多机位片段

DaVinci 17 提供了另外一种制作多机位片段的方式。

1 新建一条时间线。将3个多机位拍摄的视频片段分别拖曳到不同的轨道上，让它们全部选择后右击，在弹出的菜单中执行"自动对齐片段>基于音频波形"命令，软件会自动按照音频进行对齐操作，如图5-68所示。

图5-68

2 进入"媒体池"面板，在刚刚完成同步的时间线上右击，在弹出的菜单中执行"将时间线转换为多机位片段"命令，如图5-69所示，即可完成多机位片段的制作。

多机位修剪操作与之前介绍的相同。

图5-69

121

第6章

基础操作：
"调色"工作区基础

　　调色是 DaVinci 最核心、最主要的功能之一，在开始调色的学习之前要强调的是，这里的调色不是简单地改变视频的色彩，而是客观、准确地还原色彩。调色是一门学科，同时也是一门艺术，调色师的"色彩魔法"能够使观众沉浸在画面营造的氛围中。色彩的应用可以通过学习掌握，而调色工作更多需要实践。

6.1 色彩管理基础知识

要保证完成的视频在不同的播放终端都能够呈现出相对理想的色彩，就需要进行科学的色彩管理，学习DaVinci调色必须要了解其是如何进行色彩管理的。DaVinci的色彩管理称为Resolve Color Management，缩写为RCM。DaVinci 17提供了简化的设置方法，更加便于用户操作。

本节不讲解色彩美学知识，主要介绍计算机色彩科学的相关基础知识。读者需要学习在DaVinci中设置工作环境的方法，以满足各种工作环境对媒体格式的要求，从而科学、严谨地完成调色工作。

■ 6.1.1 色彩空间

色彩空间通常称为色域，简单地理解就是将各种色彩用一组空间数值表示。现在通常说的CIE 1931 XYZ色彩空间是基于人眼识别能力建立的，在平面上体现为马蹄形，如图6-1所示。不同的显示要求在此基础上进行了相应的划定。

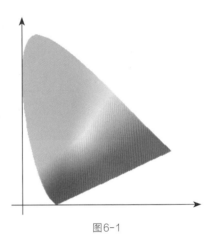

图6-1

视频制作中常用的色彩空间主要有以下3种。

（1）Rec.709（ITU-R Recommendation BT.709）是国际电信联盟（International Telecommunication Union，ITU）制定的高清（High Definition，HD）数字视频的色彩标准，是目前应用最广泛的标准之一，通常应用于一般的显示器、电视机等。它是标准动态范围（SDR）使用的色彩标准，与图像常用的sRGB标准的色彩空间基本一致（Gamma曲线不同），包括了约1/3的标准色域，如图6-2所示。

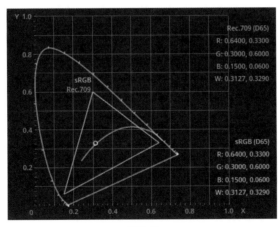

图6-2

（2）DCI-P3是数字电影倡导组织（Digital Cinema Initiatives，DCI）定义的美国电影业数字电影的色彩标准，色彩空间比Rec.709约大25%。苹果设备使用的Display P3标准仍然使用DCI-P3色域，白点（色域中最亮的点）与DCI-P3略有不同，如图6-3所示，可以看到DCI-P3的白点坐标是（0.3140，0.3510），而Display P3的白点坐标是（0.3127，0.3290），二者的色域空间基本是一致的。

（3）Rec.2020（ITU-R Recommendation BT.2020）是国际电信联盟制定的超高清（如4K、8K等）数字视频格式的色彩标准，其色彩空间非常广阔，是高动态范围（High Dynamic Range，HDR）使用的色彩标准，也是H.265/HEVC（High Efficient Video Coding）视频编码标准。目前市场上调色监看设备及终端设备的价格仍然较高。图6-4中最外侧超出标准色域范围的大三角形代表DaVinci使用的一种色彩空间，使用这种色彩空间可以尽可能减少色彩在调整过程中的损失。

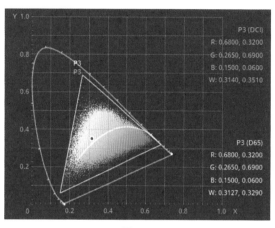

图6-3

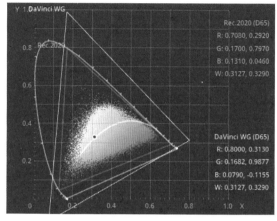

图6-4

6.1.2 Gamma曲线

自然界中的亮度用测光仪的测试结果来表示是线性的，也就是自然光的亮度和测光设备的数值是按照线性关系增长的，表现为Linear（线性Gamma，或者Gamma 1.0）曲线，如图6-5所示。同理，摄像机的图像传感器（CCD或CMOS）同样是按照线性关系进行光电转换和存储的，摄像机的原始文件格式为RAW格式。

人眼对光线亮度的感受并不是线性的，对暗部变化敏感一些，对亮部变化迟钝一些。例如，在极暗的环境下，有一点点微光人眼即可看到大体的周边环境，而同样的微光放到日光下，人眼感觉到的变化微乎其微。这种变化关系符合数学上的对数曲线，称为Log（对数Gamma）曲线，如图6-6所示。同理，胶片也符合这种对数关系，也就是说，曝光量和胶片的不透明度呈一种对数关系，与人眼对光线的感知趋于一致。数字影像时

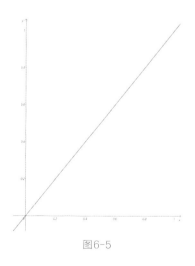

图6-5

代，为了在有限的存储空间中保留更大的宽容度，特别是电影摄像机，通常采用Log曲线进行记录。常见摄像机及其使用的Log曲线如表6-1所示。

表6-1　常见摄像机及其使用的Log曲线

序号	摄像机品牌	Log曲线
1	Red	RedLogFilm

续表

序号	摄像机品牌	Log曲线
2	Arri（阿莱）	LogC
3	Sony	S-Log、S-Log2、S-Log3
4	BMD	BMDFilm
5	Canon	C-Log
6	Panasonic	V-Log
7	Phantom（潘通）	log1、log2

电视或显示设备正好相反，如果需要将Log图像调整为正常状态，就要加一个指数曲线，如图6-7所示。例如，经常看到的Gamma 2.2或2.4等，就可以用人眼看到的显示器上的图像将Log图像的色彩还原为更接近真实世界的色彩（当然也会有一些差距）。

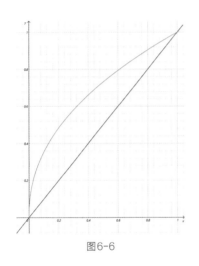

图6-6

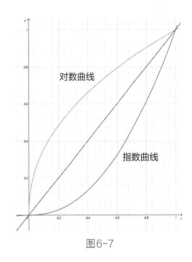

图6-7

6.1.3　DaVinci的色彩管理

在进行调色前，需要按照视频的采集和播放环境进行科学预设。具体在"项目设置"对话框中选择"色彩管理"选项，在"色彩空间＆转换"栏中找到"色彩科学"下拉列表，默认选择"DaVinci YRGB"选项，制作一般的网络（或电视）节目时，选择该选项就够用了。

说明

计算机的显示器通常使用的是sRGB色域，Gamma 2.2，白点D65；电视节目则使用Rec.709色域，Gamma 2.4，白点D65；院线使用DCI-P3色域，Gamma 2.6，白点D63。

近年来开始普及的HDR视频的制作主要包括"杜比视界"（Dolby Vision）、HDR10和HLG这3种格式，通常使用Rec.2020色域，其中"杜比视界"和HDR10使用PQ曲线（设置为ST2084），HLG使用HLG曲线［设置为REC2100 HLG（scene）］。

DaVinci 17提供了一些色彩空间的预设选项，便于用户进行简单的设置。将"色彩科学"设置为"DaVinci YRGB Color Managed"，如图6-8所示。

图6-8

取消勾选"自动色彩管理"复选框，可以看到"色彩处理模式"下拉列表，其中有一系列预设选项，如图6-9所示，主要选项的说明如表6-2所示。

图6-9

表6-2 "色彩处理模式"下拉列表中主要选项的说明

序号	选项名称	说明	备注
1	SDR Rec.709	Rec.709/Gamma 2.4调色环境，适用于SDR和HDR影片交付，适合传统的流媒体和广播	可映射输出HDR，色域为Rec.709
2	SDR Rec.2020	Rec.2020/Gamma 2.4调色环境，适用于SDR和HDR影片交付，适合宽色域流媒体和广播	使用Rec.2020宽色域
3	SDR Rec.2020（P3-D65 limited）	Rec.2020/Gamma 2.4调色环境，适用于SDR和HDR影片交付，输出色域被限制到P3-D65，适合宽色域流媒体和广播	—
4	SDR P3-D60 Cinema	P3-D60/Gamma 2.6调色环境，适用于SDR和HDR影片交付，适合数字电影放映	可用于院线数字电影
5	HDR DaVinci Wide Gamut Intermediate	超宽范围对数调色环境，适用于SDR和HDR影片交付，保留了最大的图像真实度和最多的高光细节	可以高达10000尼特
6	HDR Rec.2020 Intermediate	Rec.2020调色环境，适用于宽色域SDR或HDR影片交付	—
7	HDR Rec.2020 HLG	Rec.2020/HLG调色环境，适用于SDR或HDR影片交付	—

续表

序号	选项名称	说明	备注
8	HDR Rec.2020 HLG（P3-D65 limited）	Rec.2020/HLG调色环境，适用于SDR或HDR影片交付，输出色域被限制到P3-D65	—
9	HDR Rec.2020 PQ	Rec.2020/PQ调色环境，适用于SDR或HDR影片交付	—
10	HDR Rec.2020 PQ（P3-D65 limited）	Rec.2020/PQ调色环境，适用于SDR或HDR影片交付，输出色域被限制到P3-D65	—
11	Custom	自定义色彩空间和Gamma曲线	下拉右侧滚动条至底部可以看到

对于更加专业的用户，可以选择最后一个"Custom"选项，输入、时间线和输出等使用的色彩空间和Gamma曲线全部由用户自定义，如图6-10所示。

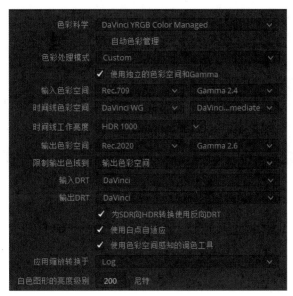

图6-10

6.2 "调色"工作区简介

"调色"工作区如图6-11所示，这里出现了一些新的面板。其与一般常用的视频软件的工作区并不相同，下面先简单介绍，之后在实例讲解中再进一步运用。

工作区左上角的"画廊""LUT""媒体池"面板主要用来展示、整理调色过程中对画面抓取的静帧、各类LUT和媒体片段；上面中间"检视器"面板的基本功能与其他工作区的"检视器"面板的基本功能相同，同时有自身的一些特色功能；"节点"面板主要用来操作调色节点，控制调色流程；"片段"面板用来显示调色的媒体片段，在这里可以将"调色"工作区的"时间线"面板显示出来，以便相互配合使用；调色工作区是调色工作的"主战场"，这里有非常丰富的调色工具，用来调整最终色彩。

图6-11

6.3 "时间线"和"片段"面板的功能

6.3.1 "时间线"面板的功能

"调色"工作区的"时间线"面板并不是用来对媒体片段进行剪辑操作的，而是用来定位调色的媒体片段的，如图6-12所示，它通常与"片段"面板配合使用。

图6-12

单击"调色"工作区右上方的"时间线"按钮 时间线 ，将"时间线"面板显示出来。移动播放头，选择相应的媒体片段，即可在"检视器"面板中显示该媒体片段的内容。

6.3.2 "片段"面板的功能

"片段"面板如图6-13所示，用于将"时间线"面板上的所有媒体片段全部展示出来，便于快速查找和选

择需要进行调色的媒体片段。一部影片的调色操作通常
是从每一个媒体片段开始的。

图6-13

媒体片段左上角带框的数字是媒体片段的编号,V1、
V2表示该媒体片段的轨道号,媒体片段缩略图右上角的
小圆圈表示该媒体片段设定的颜色。在底部名称位置双击,可以在片段编码、片段名称和调色版本3种不同的
状态之间切换。名称后带 fx 标志表示该媒体片段应用了特效,调色时需要特别注意。

6.4 "检视器"面板的功能及操作

"调色"工作区的"检视器"面板如图6-14所示,它在保持基本功能的基础上,针对调色添加了很多特
色功能。下面先进行简单的介绍,具体的使用方法后续配合调色操作详细讲解。

图6-14

6.4.1 顶部工具或选项的功能

"调色"工作区"检视器"面板顶部的时间码进行了拓展,可以在下拉列表中选择时间码的显示内容,还
可以选择显示时间线时间码、源时间码、时间线帧数、源帧数,或者进行复制时间码和粘贴时间码等操作。

"绕过调色和Fusion特效"按钮 的功能与"快编"工作区的"检视器"面板中的该按钮的功能相同,快
捷键为Shift+D,该按钮经常使用,读者应熟练掌握其使用方法。

"增强检视器"按钮 的功能通常使用快捷键来完成。

• 快捷键 Alt+F 或 Option+F 对应增强模式检视器,将"检视器"面板拓展到工作区的上半部分显示,如
图6-15中第一幅图所示,重复按该快捷键可恢复为原始状态。

• 快捷键Shift+F对应页面全屏检视器,将"检视器"面板拓展到整个工作区(保留"检视器"面板上下

的工具栏），如图6-15第二幅图所示，重复按该快捷键可恢复为原始状态。

• 快捷键Ctrl+F或Command+F对应影院模式检视器，将播放的媒体片段全屏显示，如图6-15第三幅图所示，重复按该快捷键可恢复为原始状态。

图6-15

6.4.2 划像、分屏及突出显示功能

1. 划像

划像■：用于匹配图像，双击静帧缩略图进入"划像"状态，在画面上拖曳可以调整划像分界线，其中包括以下几个按钮。

• 水平◀▶：单击该按钮，可以在水平方向上进行划像对比，可左右拖曳划像分界线。

• 垂直◆：单击该按钮，可以在垂直方向上进行划像对比，可上下拖曳划像分界线。

• 对角线◥：DaVinci 17新增的功能，单击该按钮，可以在对角线方向上进行划像对比，可在对角线方向拖曳划像分界线；也可以在按住Alt或Option键的同时拖曳，改变划像分界线的角度，效果如图6-16所示。

• 混合▶◀：单击该按钮，可以将媒体片段和静帧进行叠化对比，左右拖曳可改变叠化强度。

• Alpha▦：单击该按钮，可以进行Alpha蒙版划像。

• 差异A B：单击该按钮，可以很直观地对比两个视频的不同之处，通常在对比同一个媒体片段的不同调色版本或对同一组镜头中进行调色对比时使用。

- 窗口:单击该按钮,可以在画面中心显示新的窗口,拖曳可改变窗口的大小,如图6-17所示。

图6-16

图6-17

- 百叶窗████:DaVinci 17新增的功能,类似百叶窗效果,单击该按钮,可以上下拖曳以改变百叶窗的高度,按住Alt或Option键可以改变百叶窗的角度,如图6-18所示。
- 棋盘格████:DaVinci 17新增的功能,类似棋盘格效果,单击该按钮,可以左右拖曳以改变棋盘格的宽度,如图6-19所示。

图6-18

图6-19

2. 分屏

分屏████:单击"分屏"按钮后,可以在其右侧的下拉列表中选择需要分屏显示的项目,如图6-20所示。

- 当前群组:显示当前群组的片段图像。
- 突出显示模式:在顺时针方向显示4个蒙版,分别为剪辑的RGB图像蒙版、灰色蒙版、高对比度蒙版,以及将节点的输入与输出进行比较后生成的差异蒙版。
- 相邻片段:显示前两个片段图像、本片段图像和后一个片段图像,共4个片段图像。
- 播放头:DaVinci最多可以在时间线上显示4个播放头,先执行"调色>启用播放头"命令,在子菜单中可添加播放头,如图6-21所示,然后将它们分别调整到合适的位置,即可在分屏中显示相应播放头位置的图像。

图6-20

图6-21

• 所选静帧集：分屏显示所选静帧集的所有静帧加载到所选媒体片段上的效果，最多显示16个加载静帧的媒体片段。

• 所选片段：分屏显示在"片段"面板上选择的多个媒体片段。

• 所选LUT：分屏显示在"LUT"面板中选择的多个LUT应用到媒体片段上的效果，最多显示16个应用LUT的媒体片段。

• 所选静帧调色：分屏显示原始图像和所选静帧应用到该媒体片段上的预览效果（可以是多个）。

• 所选静帧图像：分屏显示原始图像和所选静帧图像（可以是多个）。

• 调色版本：分屏显示所有调色版本图像。

• 调色版本和原始图像：分屏显示所有调色版本图像和原始图像。

3. 突出显示

突出显示■：主要用来显示窗口蒙版等，便于观察选择范围，主要有以下3个按钮。

• 突出显示■：使用灰度蒙版显示单击"窗口"按钮后选择的区域，效果如图6-22所示。

• 突出显示黑白■：使用黑白蒙版显示单击"窗口"按钮后选择的区域，效果如图6-23所示。

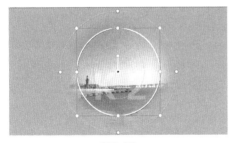

图6-22

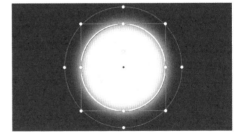

图6-23

• 突出显示差异■：突出显示画面中进行过调色处理的地方，亮度和色彩都能体现出来，效果如图6-24所示。

图6-24

6.4.3 "检视器控制"下拉列表和不混合开关

1."检视器控制"下拉列表

在"检视器"面板中展开"检视器控制"下拉列表，选择其中的选项，可以将检视器切换为不同的状态。该选项通常是配合选择的工具自动进行切换的，也可以根据需要手动切换，主要选项如图6-25所示。具体的使用方法会在后续讲解相关调色工具时一起介绍。

> **技巧**
>
> 选择"限定器"选项后，在"检视器"面板上右击，在弹出的菜单中选择"显示拾色器RGB值"命令，可以动态显示画面上该点的RGB数值，用于进行调色辅助。

图6-25

2. 不混合开关

单击"不混合"按钮 ▣ ，可以开启或关闭视频轨道上下层视频片段的合成状态，便于进行独立的调色操作。

6.5 "节点"面板的功能及操作

6.5.1 节点基本知识

1."节点"面板

所有调色操作都作用在节点上，并且可以随时进行整理、查看和修改等，多个节点按照串行、并行等关系叠加。

2. 添加节点

执行"调色>节点"命令，或右击"节点"面板，在子菜单或弹出的菜单中执行相应的命令，如图6-26和图6-27所示。在实际操作过程中，通常使用快捷键来完成相应的操作。

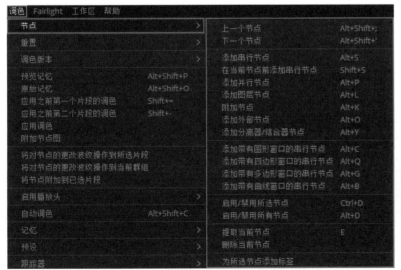

图6-26

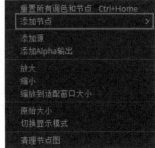

图6-27

3. 节点操作快捷键

常用的节点操作快捷键如表6-3所示。

表6-3　常用的节点操作快捷键

快捷键	作用
Alt+S或Option+S	添加串行节点
Shift+S	在当前节点前添加串行节点
Alt+P或Option+P	添加并行节点
Alt+L或Option+L	添加图层节点
Alt+Y或Option+Y	添加分离器/结合器节点
Alt+O或Option+O	添加外部节点
Ctrl+D或Command+D	启用/禁用所选节点
Alt+D或Option+D	启用/禁用所有节点
Shift+Home	重置已选节点的调色
Ctrl+Shift+Home或Command+Shift+Home	重置调色并保留节点
Ctrl+Home或Command+Home	重置所有调色和节点

6.5.2　主要的节点类型

1. 校正器节点

校正器节点是调色的基础节点，缩略图显示的是在该节点上进行调色操作之后的效果，如图6-28所示，基本信息如下。

图6-28

● 节点标签：用来注明节点进行调色的目的等，在节点上右击，在弹出的菜单中执行"节点标签"命令或在节点标签位置双击即可编辑其内容（如果遇到无法直接输入中文的情况，可在其他软件中输入，然后复制粘贴过来）。

● 节点色彩：用于标注节点色彩。

● 节点编号：根据节点的添加顺序自动进行编号，当添加或删除某个节点时，编号可能会动态调整。如果有专业的大型调色台，则可以方便地输入节点编号，并在节点上进行调色操作。

● 调色操作标注：用来提示节点进行了哪些调色工作。

● 图像信息输入输出：把图像的RGB信息输入后，经过节点加工处理再输出，左侧绿色三角形表示输入，右侧绿色正方形表示输出。

● 图像信息连接线：把图像的RGB信息通过连接线进行传递。

● 通道信息输入输出：Alpha通道信息的输入与输出，左侧蓝色三角形表示输入，右侧蓝色正方形表示输出。

● 通道信息连接线：传递Alpha通道信息。

2. 并行节点

添加并行节点的快捷键为Alt+P或Option+P，并行节点可以将校正器节点的图像信息汇总后输出，如图6-29所示。

3. 图层节点

添加图层节点的快捷键为Alt+L或Option+L，使用图层节点可以将多个校正器节点的图像信息按照指定的合成模式混合后输出，如图6-30所示。操作时应注意两点：一个是连接该节点下面的三角形输入端显示在上层；另一个是设置好合成模式，右击该节点，在弹出的菜单中执行"合成模式"命令，勾选相应的添加、色彩、颜色加深、颜色减淡等即可设置合成模式。

图6-29   图6-30

4. 分离器节点

添加分离器节点的快捷键为Alt+Y或Option+Y，使用分离器节点可以将媒体片段拆分成独立的RGB颜色通道，通过对单独的通道进行调整，可以创造一些色彩风格效果。例如，可以略微调整独立通道节点图像的位置，形成RGB色彩错位效果。

5. 结合器节点

将分离的RGB颜色通道整合后输出，通常与分离器节点成对使用。分离器节点和结合器节点如图6-31所示。

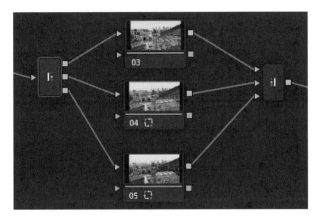

图6-31

6. 外部节点

添加外部节点的快捷键为Alt+O或Option+O，使用外部节点可以对前一个节点选择的区域进行反选，便于进行调色操作。该节点会同时获得前一个节点的图像信息和蒙版信息，当前一个节点调整蒙版范围时，该节点也会同步调整，如图6-32所示。

7. 键混合器节点

键混合器节点用来将蒙版合成并输出成新的蒙版，在制作复杂蒙版时非常有用，如图6-33所示。

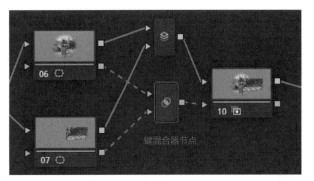

图6-32   图6-33

键混合器节点的混合方式可以在"键"面板中进行修改，如图6-34所示。

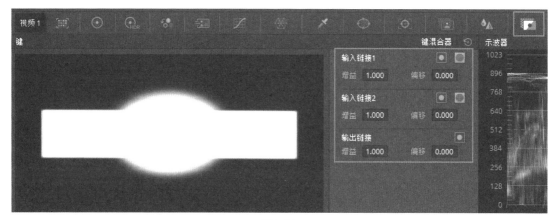

图6-34

8. 共享节点

在调整好的节点上右击，在弹出的菜单中执行"另存为共享节点"命令，如图6-35所示，在标签页上修改其名称，该节点即可被其他图像在调色时调用。

使用时，在"节点"面板的空白位置右击，在弹出的菜单中执行"添加节点"命令即可看到共享节点的名称，如图6-36所示，选择节点名称即可调用。

图6-35

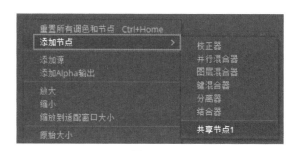

图6-36

9. 外部蒙版节点

外部蒙版节点比较特殊，简单地理解就是使用一张黑白灰图像来与目标图像形成遮罩关系，该图像可由其他软件生成，通常配合图像抠像生成，可以直接导入"媒体池"面板中，或拖曳到"节点"面板中，如图6-37所示。使用时只需要将其连接到节点的通道信息输入端即可形成遮罩关系。

图6-37

■6.5.3 节点的连接方式

节点的连接方式分为串联和并联两种，如图6-38所示。

图6-38中的节点01和节点02是串联关系，节点03、04、05是并联关系。

在实际使用过程中，可能有读者不知道什么时候用串联节点，什么时候用并联节点，其实没有严格的要求。串联节点的操作都在上一个节点的基础上进行，通常用于全局调整，但如果串联节点过多，则在最前面的节点重新调整时，需要修改的节点较多。并联节点的图像信息采样都来自同一个节点，输出是几个并联节点的调色结果的加成，通常用于局部画面的色彩调整，但也要注意有没有重叠调色的部分，会不会与调色目标不一致。简单地说，就是一定要看好节点的输入与输出关系。

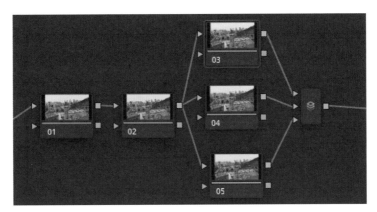

图6-38

6.5.4　分组

通常对同一个设备在同一环境下拍摄的同一组镜头等进行分组，便于进行调色等实际操作。分组后，可以将同一组视频片段想象成一个视频片段，进行统一的调色处理，当然也可以继续针对每一个镜头进行单独调色。

在"片段"面板中按住Ctrl或Command键，选择所有需要成组的视频片段，在任意视频片段上右击，在弹出的菜单中执行"添加到新群组"命令，如图6-39所示，在弹出的对话框中输入组的名称。当然，成组之后同样可以继续添加或移除视频片段。

成组之后，选择任意视频片段，在工作区右上方展开"片段"下拉列表，如图6-40所示，其中包括"片段前群组""片段""片段后群组""时间线"选项。这些选项的作用是方便进行整体调色处理。

• "片段前群组"选项通常用来进行一级调色，对组内任意一个视频片段的调整都会应用到全组。

• "片段"选项通常用来进行二级调色，调整只应用于选择的视频片段，不会影响组内的其他视频片段。

• "片段后群组"选项通常用来确定整体色彩风格，调整会影响组内的所有视频片段。

图6-39

图6-40

• "时间线"选项顾名思义，会影响整个时间线上的所有视频片段，使用前需要在"节点"面板中任意添加一个校正器节点并连接好。

6.5.5 版本

版本是在调色过程中使用较多的功能，主要用来保存同一个视频片段不同版本的调色效果。通常在跟客户对接时使用该功能，在收到客户的要求后，先预调3~4个版本给客户选择。

添加版本的方法很多：选择调色完成的视频片段，执行"调色>调色版本>添加"命令；右击"片段"面板上的视频片段，在弹出的菜单中执行"本地版本>创建新版本"命令，如图6-41所示；使用快捷键Ctrl+Y或Command+Y。

图6-41

版本的常用快捷键如下："上一个"的快捷键为Ctrl+B或Command+B，"下一个"的快捷键为Ctrl+N或Command+N，"添加"的快捷键为Ctrl+Y或Command+Y，"默认"的快捷键为Ctrl+U或Command+U。

在设置多个调色版本后，可以在"检视器"面板中查看，在"检视器"面板顶部单击"分屏"按钮，在右侧的下拉列表中选择"调色版本"选项，如图6-42所示，即可在"检视器"面板中将不同版本同时显示出来，便于对比观察。双击相应的画面，可以直接进入该版本进行编辑。也可以右击画面，在弹出的菜单中选择相应的版本。

图6-42

6.6 "画廊"面板的功能及操作

6.6.1 "画廊"面板基础知识

"画廊"面板主要用来存放调色过程中抓取的静帧。静帧可以理解成记录视频片段调色信息的缩略图，如

图6-43所示。静帧可以方便地作为参考片段来匹配画面，确保一致性；也可用来方便地调取调色节点，提高调色工作效率。静帧在调色工作中发挥着非常重要的作用。静帧的名字由轨道号、片段号、静帧编号3段数字组成。例如，1.3.2表示的是轨道1的第3个片段的第2个静帧。

图6-43

"画廊"面板的工具栏按钮和滑动条如图6-44所示，从左至右分别为"静帧集"按钮、"记忆"按钮、"缩放"滑动条、"排序"按钮、"缩略图视图"按钮、"列表视图"按钮、"搜索"按钮、"画廊视图"按钮、"设置"按钮。

图6-44

- 静帧集▯：可以理解为文件夹目录，单击展开后如图6-45所示。其中，"静帧1"指的是当前静帧集，在名称上双击，可以修改其名称；"PowerGrade1"是用来跨项目存储静帧的，存在该集合内的静帧可以在同一个数据库中跨项目使用；"时间线"可以用于快速地通过时间线选取视频片段的静帧，单击后，在上方出现的时间线名称下拉列表中选取时间线名称，该时间线上所有视频片段的静帧可以展示出来使用。

- 记忆▯：单击后会出现"记忆"面板，如图6-46所示，可以将其理解成收藏夹，可以将抓取的静帧拖曳到这里。使用时可以将记忆静帧作为静帧直接对其进行操作，也可以在"调色>记忆"面板中对其进行操作。一共可以设置24个记忆静帧。

图6-45

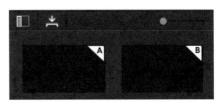

图6-46

- "缩放"滑动条▭、"排序"按钮▤、"缩略图视图"按钮▦、"列表视图"按钮▤、"搜索"按钮▢等的功能与其他面板中的类似，这里不再详述。

- 画廊视图▢：单击该按钮后会展开"画廊"面板，如图6-47所示。读者可能会感觉眼前一亮，就像发现了新世界，DaVinci还有很多类似的丰富的功能等待我们去挖掘。在"画廊"面板中可以调出DaVinci自带的很多调色静帧，虽然不一定是必需的，但是可以用来学习。

- 设置▪▪▪：单击该按钮，在弹出的下拉列表中可以调整实时预览、悬浮搓擦预览（在静帧上悬浮滑动预览）效果和更改Power Grade路径。

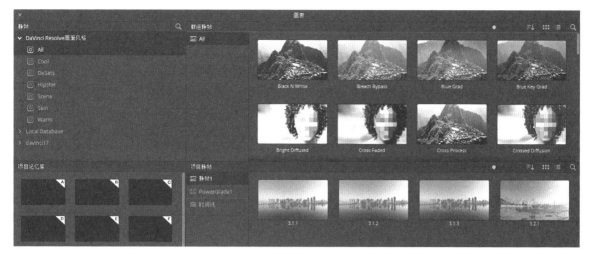

图6-47

6.6.2 静帧的基本操作

静帧的基本操作是与"检视器"面板和"节点"面板联系在一起的。

1. 抓取静帧

在"检视器"面板中的镜头画面上右击，弹出的菜单中有"抓取静帧""抓取所有静帧""抓取缺失的静帧"等命令，如图6-48所示，根据需要执行相应命令，即可将静帧抓取到当前选择的静帧集中。

图6-48

2. 静帧与划像

在"检视器"面板中选择需要调色的视频片段，在静帧集中双击参考的静帧，即可在"检视器"面板中实现画面的同时比对，方便进行色彩的调整和匹配。在之前介绍"检视器"面板时已经讲过可以变换多种划像方式，通常把比对画面中的相同部分同时显示出来，确保色彩一致。

3. 静帧与节点

通过静帧可以方便地复制某一个或全部的调色节点。右击静帧，在弹出的菜单中执行"显示节点图"命令，打开"节点图"对话框，如图6-49所示。右侧面板显示的是需要应用的调色属性。将需要应用的调色属性直接拖拽到调色节点上即可完成应用；也可以选择"片段"标签，勾选全部节点，非常灵活方便。

还可以右击静帧，在弹出的菜单中执行"应用调色"命令，直接应用全部调色节点；或执行"附加节点图"命令，将静帧调色节点全部附加到调色节点之后。

4. 静帧的导入与导出

如果需要将静帧应用到其他地方，则需要进行独立的导出与导入操作。右击需要导出的静帧，在弹出的菜单中执行"导出"命令，在弹出的对话框中选择导出位置，可以将其保存为独立的.dpx或.jpg等格式的图片文件。特别注意，会同时导出一个.drx文件。图片文件相当于视频截图，其调色信息包含在.drx文件中。同理，在导入时，需要导入.drx文件才能导入调色信息，如果只导入图片则只能用来进行划像匹配。

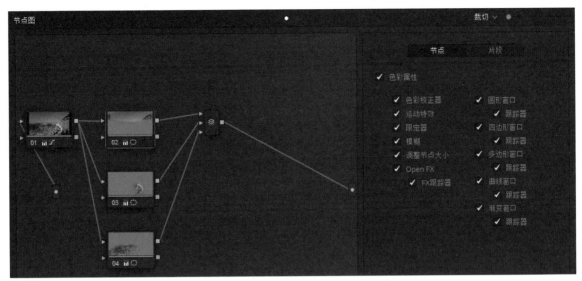

图6-49

6.7 "LUT"面板的功能及操作

　　LUT也叫查找表，简单理解就是可以将颜色进行转换的数据表，也有人将其理解为一种预设。LUT通常有两种：1D LUT的体积小，处理的数据有限，通常只处理一维数据，如亮度数据；3D LUT可以处理三维数据，如红色、绿色、蓝色数据，且体积较大。LUT不仅可以装载在软件中，可以装载到监视器、摄像机监看器等各种设备上，可以用在专门的色彩空间转换技术工作中，例如将摄像机拍摄的Log素材转换成计算机播放的Rec.709素材，还可以用在创意调色风格的打造上。

　　"LUT"面板比较简单，就是LUT预设的集合。单击"LUT"按钮 LUT 展开"LUT"面板，如图6-50所示，在左侧目录中找到需要的LUT，然后双击缩略图或将缩略图拖曳到调色节点上进行应用。

　　对于常用的LUT，可以单击缩略图右上角的五角星图标，如图6-51所示，将其加入收藏夹中；或者在缩略图上右击，在弹出的菜单中执行"添加到收藏"命令，如图6-52所示，即可在左侧目录底部的"收藏"中找到。

　　与静帧相同，当鼠标指针在LUT缩略图上悬浮搽擦时，可以在缩略图和"检视器"面板上同时预览其效果，读者如果不习惯，可以在设置中更改。

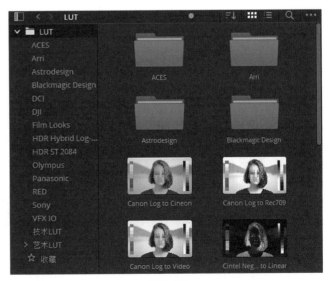

图6-50

图6-51

图6-52

要添加LUT文件，可以从设备官方网站或专业LUT制作公司等渠道获得新的LUT文件，将其复制到DaVinci的LUT文件保存路径中，右击左侧目录顶层的"LUT"文件夹，在弹出的菜单中执行"打开文件位置"命令（或者选择下部的子文件夹，打开后退到上层的"LUT"文件夹），将新的LUT文件复制到"LUT"文件夹中，然后在左侧目录中右击并进行刷新，添加的LUT文件就会出现。

6.8 "示波器"面板的功能及操作

6.8.1 "示波器"面板的界面基础

在开始调色之前，要先学会看示波器。人眼观察过于主观，而设备显示效果也是千差万别，除了要尽可能使用标准调色设备外，学会看示波器也很重要。示波器有专用的硬件设备，也可以由软件实现。DaVinci使用GPU加速，开发出了各类示波器供用户使用，这些示波器的延时低，效果也非常好。

单击工作区右下方的"示波器"按钮，会显示"示波器"面板，如图6-53所示，由于界面的限制，这里只显示一种示波器。如果想要切换示波器类型，则需要展开示波器类型下拉列表，如图6-54所示，在"分量图""波形图""矢量图""直方图""CIE色度图"5种类型中选择。

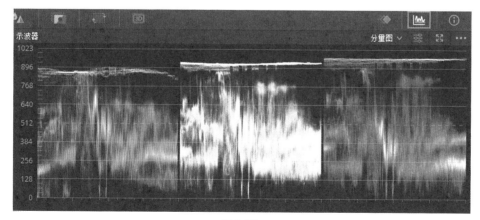

图6-53

图6-54

"示波器"面板可以放大显示（或拖曳到分屏的独立显示设备上）。单击"示波器"面板中的"拓展"按钮，展开后会显示四分屏画面，可以设置4类示波器同时显示。实际上DaVinci 17最新推出了九分屏画面，需要先拖曳面板的一角，将面板扩大，然后单击右上角的"九分屏"按钮，如图6-55所示。

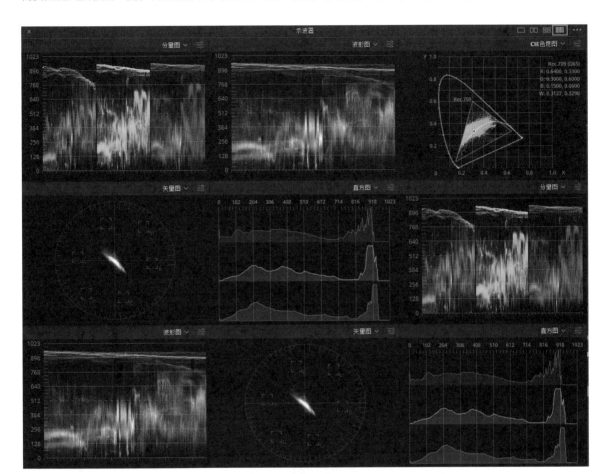

图6-55

6.8.2 波形图

波形图表示的是图像亮度的分布情况，横坐标与图像的横向位置相对应，纵坐标表示图像上该位置纵向像素亮度的分布情况，默认按照10bit（相当于2^{10}）的亮度级别细分。天空区域和波形图中顶部红色方框框住的亮度区域相对应，塔楼区域和波形图中间黄色方框框住的亮度区域相对应，如图6-56所示。图6-57所示的夜景图中发光的五环部分和波形图中间红色方框框住的区域相对应。

单击波形图的"设置"按钮██，弹出的面板如图6-58所示。

面板顶部有3个标签，即Y、CbCr和RGB。

- 着色：勾选该复选框，可以为亮度波形图加上色彩信息，便于观察。

- 范围：勾选该复选框后会显示轮廓线。

- 亮度滑块：用来调整波形图或标线的亮度。

- 显示参考级别标线：勾选该复选框后可以在上部和下部增加两条参考线，具体位置可通过滑块调整。

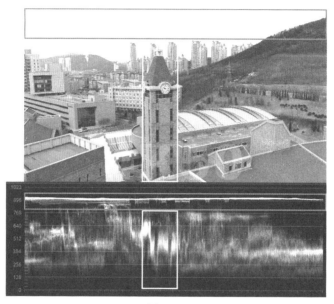

图6-56

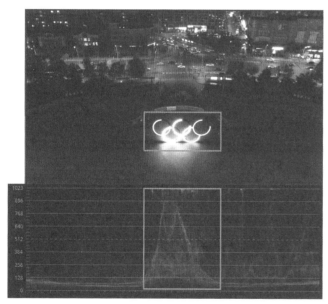

图6-57

图6-58

▌6.8.3 分量图

　　分量图可以简单理解为把波形图按照红色、绿色、蓝色独立出来。横坐标是每个色彩对应的图像的位置，也就是说与图像的横边一一对应；纵坐标是该色彩的亮度信息，如图6-59所示。

　　单击分量图的"设置"按钮⚙，弹出的面板顶部有3个标签，如图6-60所示。单击相应的标签可以切换成RGB三分量图、含一个单独亮度通道的YRGB四分量图或YCbCr三分量图，其他选项与波形图的选项基本相同。

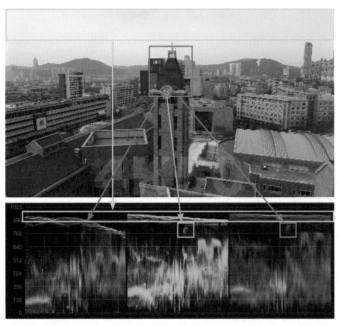

图6-59   图6-60

6.8.4 矢量图

矢量图表示的是图像的色相和饱和度,使用了圆盘的形式,如图6-61所示。圆盘中的6个正方形分别表示R、G、B、C、M、Y这6个色相的方向,距离圆心越近表示色彩的饱和度越低,距离圆心越远表示色彩的饱和度越高。达到6个小方框的位置时,表示色彩的饱和度是75%。

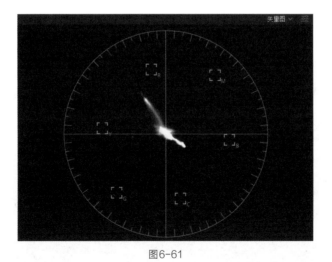

图6-61

DaVinci 17升级了矢量图示波器,单击"示波器"面板的"设置"按钮▇▇▇,在弹出的下拉列表的"矢量图比例样式"中选择"色相矢量"选项和"75%+100%靶框"选项,如图6-62所示,新矢量图示波器的外观更加简洁、直观。

矢量图的设置与之前大同小异，有两个复选框较为常用：一个是"显示2倍缩放"，勾选该复选框可以将图形放大，便于观察；另一个是"显示肤色指示线"，勾选后会出现一条辅助线，用来指示肤色的色相矢量方向，便于调色时使用，如图6-63所示。

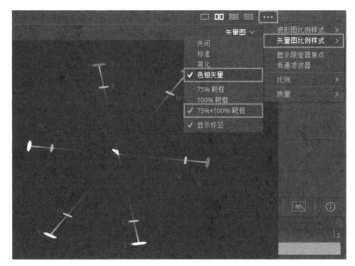

图6-62   图6-63

6.8.5　直方图

直方图的横轴表示的是亮度，纵轴表示的是相同亮度的像素的数量，如图6-64所示，这与Photoshop中的直方图类似。直方图按照三基色独立显示，可以直观地看出画面是集中在暗部、中部、亮部，还是均匀分布，这也就是常说的画面的调性。

单击"设置"按钮▦，可以在弹出的下拉列表中选择"YRGB"选项，再增加一个亮度直方图。

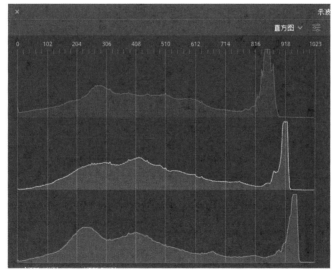

图6-64

6.8.6 CIE色度图

在CIE色度图中可以直观地看到图像在哪个色域，如图6-65所示，当前图像处在Rec.709色域中，通过改变输出色域，可以调整图像效果。

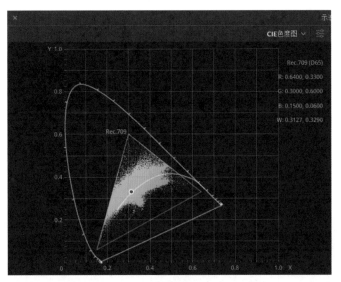

图6-65

单击"设置"按钮，在打开的面板中展开"附加色域"下拉列表，如图6-66所示，在这里可以选择其他色域来进行辅助查看。这里也是学习色彩空间知识的好地方，例如选择"Rec.2020"色域，其范围比Rec.709色域的范围大很多，如图6-67所示，具体可参考6.1.1小节介绍的色彩空间知识。

图6-66

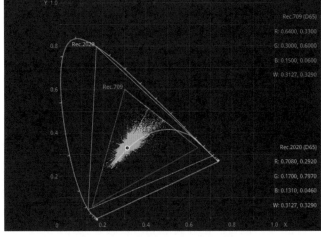

图6-67

6.9 调色工作区

本节介绍DaVinci核心的调色工作区，读者在使用过程中要结合色彩基础知识科学地进行操作，否则容易出现顾此失彼、始终无法实现理想效果的情况。另外，各项工具的使用没有绝对的原则，只要能实现理想效果，能够满足调色要求，能够符合使用习惯即可。本节重点讲解各面板的功能及操作，第7章将介绍几个实例。想要快速上手调色工作，读者需要有较多的实践经验。

▌6.9.1 "Camera Raw" 面板的功能及操作

对摄影设备有一定了解的读者可能更容易理解 "Camera Raw" 面板。RAW格式是摄影设备使用的一种存储格式。摄影设备通过感光元件直接将光信号转换并记录为数字信息，这样给后期处理最大限度地预留了空间。"Camera Raw" 面板如图6-68所示。只有选择RAW格式的媒体片段，该面板中的参数才会被激活。解码就是将RAW格式的媒体片段使用某种编码方式解码成直观的图像。

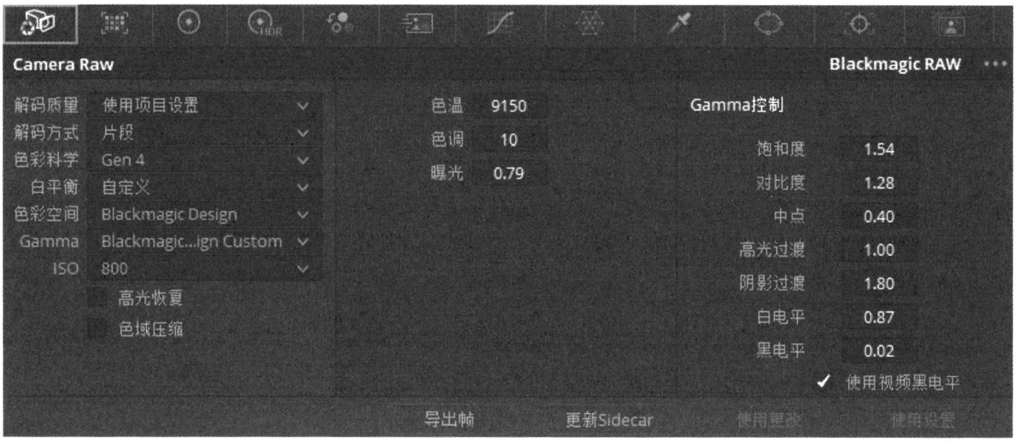

图6-68

当将 "解码方式" 设置为 "片段" 时，可以在 "Camera Raw" 面板中调整相关参数，包括 "色彩空间" "Gamma" "色温" "色调" "曝光" "饱和度" "对比度" 等参数。

"项目设置"（快捷键为Shift+9）对话框中有专门的 "Camera Raw" 参数调整页面。

▌6.9.2 "色彩匹配" 面板的功能及操作

"色彩匹配" 面板提供了一种快速、科学地还原媒体片段色彩的方式。简单地理解就是让 "色彩匹配" 面板中的色卡颜色和拍摄的视频中的色卡颜色对应，这样软件会自动将视频中的色彩调整还原为准确的色彩。"色彩匹配" 面板如图6-69所示。

在实际使用时，需要将专业色卡一并拍摄到视频中。在 "色彩匹配" 面板右上方的下拉列表中选择使用的色卡类型，在 "检视器模式" 下拉列表中选择 "色卡" 选项，将框图拖曳调整到画面中的色卡上，对齐每个颜色，如图6-70所示。

图6-69

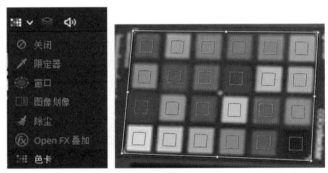

图6-70

在"源Gamma"下拉列表中选择摄影设备的Gamma参数，设置好目标Gamma的色彩空间后，单击"匹配"按钮。匹配后，画面的色彩会自动调整。色卡中的色块会分为上下两部分，色块下方会显示两个色块颜色的差值，以百分比表示，如图6-71所示。

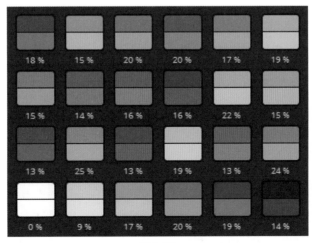

图6-71

▌6.9.3 "色轮"面板的功能及操作

"色轮"面板又称为"一级·校色轮"面板。该面板主要用来进行色彩的调整，如图6-72所示。该面板通常配合调色设备使用，是DaVinci的核心。DaVinci 17对该面板进行了升级调整，面板风格有了一定的变化，最方便的是"色温""色调""对比度""饱和度"等参数不再分组显示，而是显示在同一个面板中，便于使用。

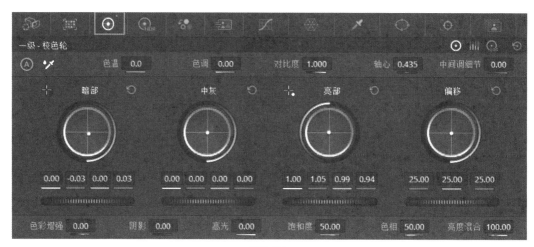

图6-72

单击右上方的按钮 ⊙ ili ⊙ 可以在"校色轮""校色条""Log色轮"3种模式之间进行切换，17.4之前的老版本则是在右侧的下拉列表中切换。

该面板上任何一个参数的调整，都会在色轮上产生一个小红点 ⊙ ，提示有参数变化。

"色轮"面板的右上角有"全部重置"按钮 ⊕ ，每个面板在类似的位置都有该按钮，用来还原在该面板中进行的所有调色工作。

1."校色轮"标签页

面板中最主要的4个色轮分别为"暗部"（Lift）、"中灰"（Gamma）、"亮部"（Gain）、"偏移"（Offset）。

这里可以简单理解为"暗部"色轮主要用于调整画面的暗调区域，"中灰"色轮主要用于调整中间色调区域，"亮部"色轮主要用于调整亮调区域，但三者并不是严格区分的，而是相互影响的。"暗部"色轮的影响力从暗部到亮部呈线性衰减；"中灰"色轮对中间色调区域的影响较大，到暗部和亮部按照Gamma曲线衰减；"亮部"色轮的影响力从亮部到暗部呈线性衰减，影响力曲线如图6-73所示。

"中灰"色轮如图6-74所示。

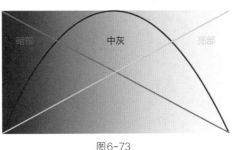

图6-73

图6-74

● 色彩平衡指示点：初始位于正中心，该点用于指示色彩平衡的位置，可以在色轮中任意拖曳，或按住Shift键直接在色轮中需要调节色彩平衡的位置单击并进行调节。

● YRGB参数：在调节色彩平衡指示点时，该参数会同步变化。DaVinci 17可以直接修改YRGB参数，也可以直接拖曳、双击后输入或双击后使用方向键调整数值。双击参数下部的彩色横条可以恢复数值。

● 主旋钮：用来调整亮度，YRGB参数会同步变化。向左拖曳主旋钮画面会变暗，向右拖曳画面会变亮，且色轮外部有明暗光圈以同步指示变化。按住Alt或Option键拖曳，只影响Y参数的数值（也可以直接拖曳Y参数调整）。

● 重置 🔄：每个色轮的右上角都有一个"重置"按钮，如果感觉色彩调节效果与预期相差较大，则可以单击该按钮，然后重新调整。

面板中其他按钮和参数的介绍如下。

● 黑点➕和白点➕：单击这两个按钮后，在"检视器"面板中找到想要作为最暗点或最亮点的位置并单击，画面会自动进行调节，通常可以打开"显示拾色器RGB值"辅助观察。

● 自动白平衡✖：单击该按钮后，在"检视器"面板的画面上选取应该是或想要它是白色的位置并单击，画面会自动调整白平衡。

自动平衡◎：单击该按钮后，画面会自动进行色彩平衡调整。

其他参数是用于对画面全局进行调整的，主要包括"色温""色调""对比度""轴心""中间调细节"（可用于简易磨皮）、"色彩增强""阴影""高光""饱和度""色相""亮度混合"（各通道亮度是否混合）。在参数名称上双击，即可将其还原为默认值。DaVinci 17在每个参数底部用小色条示意参数调整内容，更加直观易用。

2."校色条"标签页

该标签页与"校色轮"标签页基本相同，只是4个色轮变成了独立通道的彩条，如图6-75所示，上下拖曳滑块，可以调整每个通道的数值。上面已经介绍了DaVinci 17可以直接在"校色轮"标签页底部调整通道参数，因此不用在各标签页间来回切换。

3."Log色轮"标签页

该标签页与"校色轮"标签页类似，但前3个色轮的调节范围不一样，这里3个色轮分别名为"阴影"（Shadow）、"中间调"（Midtone）、"高光"（Highlight），如图6-76所示。

Log色轮的影响力曲线如图6-77所示。该标签页通常用于对RAW格式的素材的高光和阴影部分进行调整，影响力重合部分可以通过"低范围"参数 低至 0.333 和"高范围"参数 亮度 0.550 来调整。

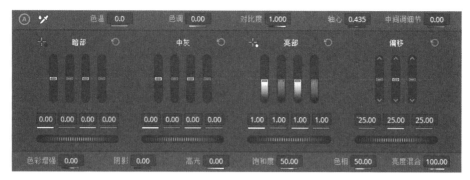

图6-75

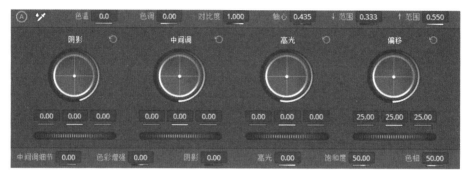

图6-76

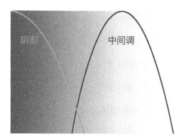

图6-77

▌6.9.4 "HDR调色"面板的功能及操作（DaVinci 17新增）

"HDR调色"面板也称为"高动态范围调色"面板，是DaVinci 17又一革命性的创新，是为当前高动态范围影视制作而生的，如图6-78所示。

虽然面板上显示的是4个色轮，但实际上它有7个色轮。图6-78中方框①中的彩色圆圈表示的是已经显示出来的色轮，灰色圆圈表示的是没有显示出来的色轮，单击灰色圆圈，相应的色轮会动态显示出来。调整性的色轮一共有7个，包括"Black""Dark""Shadow""Light""Highlight""Specular"，另外还有一个"Global"色轮用于进行全局修改，它始终固定在第4的位置。

每个色轮的影响范围如图6-79所示。中间虚线表示的是18%中灰，可以看到每个色轮的影响范围既有独立的部分，又有融合的部分。

图6-78

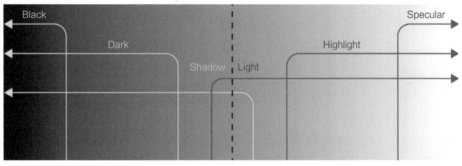

图6-79

图6-78的右上方方框②中有3个按钮,其中,单击"扩展显示"按钮■,可以将"HDR调色"标签页和"分区"标签页同时显示,要实现该功能需要显示器支持16∶9的分辨率;单击"色轮"按钮◎和"分区"按钮▲可进入相应的标签页。

1. "分区"标签页

"分区"标签页比较好理解,如图6-80所示,中间0的位置表示的是18%中灰,向左、向右各分了8档,总共16档。

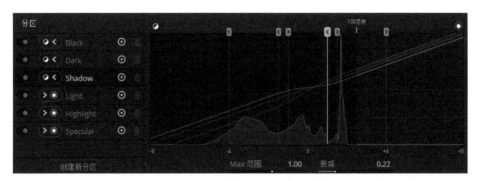

图6-80

在左侧"分区"栏内选择一个区域选项,可以开启、关闭该区域(色轮同步),也可以修改作用方向,还可以创建新分区等。

右侧图表示影响范围，底部参数用于调整"范围"（用垂线和顶部方向箭头表示）和"衰减"（用半透明红色区域表示）。默认情况下，"Black"设置为-4档以下，"Dark"设置为-1.5档以下，"Shadow"设置为1档以下（注意包含了中灰区域），"Light"设置为-1档以上（同样包含了中灰区域），"Highlight"设置为1.5档以上，"Specular"设置为4档以上。色彩调整后会以红、绿、蓝3条基色线显示。

2. HDR色轮

HDR色轮与之前介绍的色轮类似，选择其中的Hight-light色轮为例进行说明，如图6-81所示。

色轮左侧是范围滑块，用它可以调整影响范围。拖曳时左上角的"范围指示"按钮 会同步变化，单击该按钮可以在"检视器"面板中显示其对画面的作用范围，作用范围以外的区域全都使用灰色蒙版进行遮挡；色轮右侧是衰减滑块，衰减参数在右下角的衰减参数框 0.20 中显示和调整。

图6-81　　　　　　　　图6-82

色轮下边是"曝光"和"饱和度"参数，可以拖曳滑块或输入参数值来调整。

"X"和"Y"参数用于定位色彩平衡指示点，与"一级·校色轮"面板中YRGB参数的显示形式不同。

"Global"色轮略有不同，如图6-82所示，色轮左侧是色温滑块，右侧是色调滑块，与底部相应参数同步。其"曝光"和"饱和度"参数的调整是全局性的。

通过分析，看似很复杂的色轮就清晰了，而且使用HDR色轮并不是只能调整HDR视频，SDR视频也同样可以调整。

3. 其他功能

"HDR调色"面板上还有"色温""色调""色相""对比度""轴心""中间调细节""黑场偏移"等参数，如图6-83所示，调整这些参数都是对全局进行修改。

图6-83

如果读者还是没有理解，可以将"剪辑"工作区的"效果"标签页中的"生成器"下的"10级灰阶"拖曳到时间线上，在视频片段上右击，在弹出的菜单中执行"新建复合片段"命令，再回到"调色"工作区的"片段"面板上选取该视频片段。观察并尝试进行各种参数调整，单击HDR色轮左上角的"范围指示"按钮可以观察分区范围；还可以分区进行着色尝试，观察调整效果，这些知识将在视频实例中进行详细介绍。

6.9.5 "RGB混合器"面板的功能及操作

"RGB混合器"面板如图6-84所示，分为红色输出、绿色输出、蓝色输出，每个颜色输出包括R、G、B 3个通道，默认情况下红色输出的R通道的参数值为1，其他为0，表示只有红色通道信息。调整G和B通道的参数值，可以理解为给绿色或蓝色通道增加或减少红色。使用"RGB混合器"面板可以方便地进行一些创造性的色彩调整。下面只介绍基本操作，具体操作方法将在后续实例中再详细介绍。

图6-84

面板左下角是"通道转换"按钮 ,右下角是"黑白"和"保持亮度"复选框,勾选"保持亮度"复选框后,当对某个通道进行调整时,其他通道会动态调整,保持总亮度不变。勾选"黑白"复选框后,可以使图像变为黑白效果,此时3个通道的数值为R通道0.2126、G通道0.7152和B通道0.0722,这是根据Rec. 709视频标准定义的;还可以通过微调各通道数值来增强黑白图像的质感。

6.9.6 "运动特效"面板的功能及操作

"运动特效"面板如图6-85所示。"空域降噪"栏主要用于对每一帧画面进行模糊降噪,视频是连续的,即使每一帧的降噪都处理得非常好,也不代表视频整体效果好。"时域降噪"栏用于同时分析前后帧,消除画面的噪点抖动等。这里需要注意的是,降噪对计算机系统的要求较高,特别是时域降噪的要求更高,调整时单独放在一个校正器节点上,只要满足降噪要求就好,参数值应尽量小。播放视频时可以开启缓存功能,先缓存调色节点后播放,设置完成后可以先禁用该节点,渲染输出时再启用。

图6-85

6.9.7 "曲线"面板的功能及操作

"曲线"面板是一个非常强大的调色面板,如图6-86所示,可以单击右上角的标签以切换标签页。DaVinci 17已经扩展到7个标签页,分别为"自定义""色相对色相""色相对饱和度""色相对亮度""亮度对饱和度"

"饱和度对饱和度""饱和度对亮度",最后一个标签页是DaVinci 17新增的。

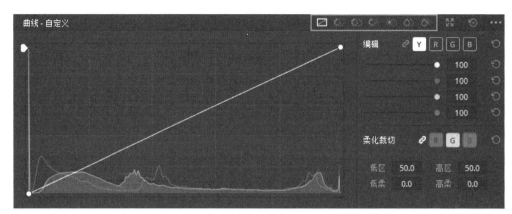

图6-86

1. "自定义"标签页

该标签页左侧为曲线编辑器,横坐标表示的是图像的调性范围,从黑色到白色;纵坐标表示的是可以做出改变的范围。在曲线上添加控制点,可以将颜色通道原始值(输入)重新映射到新的值(输出)。

添加控制点的方法主要有以下3种:一是直接在曲线上单击;二是使用"检视器"面板的"检视器控制"下拉列表中的限定器工具 ▨,直接在视频图像的相应位置单击;三是在"设置"下拉列表中选择"添加默认锚点"选项。要删除控制点,可以直接在控制点上右击。在"设置"下拉列表中选择"可编辑的样条线"选项,控制点上会出现控制手柄,可进行平滑曲线操作,如图6-87所示。曲线编辑器的左上角有一个比较特殊的滑块,是反转器控制滑块,用它可以方便地将任意通道的色彩反转,只需要直接向下拖曳该滑块跨过中心位置即可,如图6-88所示。

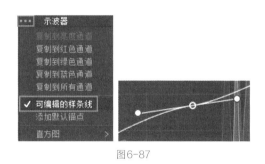

图6-87

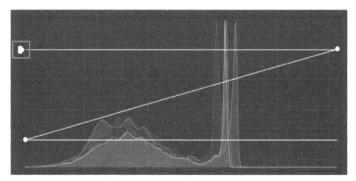

图6-88

曲线的背景是直方图,与示波器中的直方图类似,用于辅助调整曲线,横坐标同样是从黑色到白色,纵坐标表示该亮度像素的数量,Y、R、G、B这4个通道叠加显示。在"设置"下拉列表中选择"直方图"选项,可以选择输入直方图（图像初始状态）、输出直方图（动态调整后的结果）或关闭直方图。

标签页右侧为控件面板，在顶部可以选择对哪个通道进行曲线调整，单击"锚链"按钮，选择通道后可以对整体进行调整。使用4个通道的滑块可以调整每个通道曲线的强度。单击某个通道按钮后，可以在"设置"下拉列表中将其复制到其他通道中，如图6-89所示。"柔化裁切""低区""高区"等控制参数如图6-90所示，这些参数通常用来恢复亮部或暗部细节，选择相应的通道后，观察分量图示波器，拖曳调整对应参数即可。

图6-89

图6-90

2. "色相对色相"标签页

"色相对色相"标签页中曲线编辑器的横坐标表示当前色相，是循环的；纵坐标表示新的色相，可以精准地对某个色相进行改变，如图6-91所示。

单击"限定器"按钮，在"检视器"面板上想要调整色相的位置单击，这样在曲线上相应的位置会产生控制点，纵向调整该控制点即可改变色相，要删除控制点可右击。

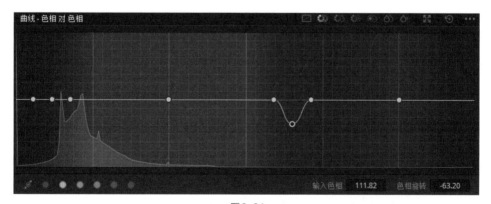

图6-91

> **注意**
>
> 调整色相时纵向调整的幅度不要过大，以免产生色彩断裂现象。还可以配合其他工具调整色相，严格限定色彩范围。

- **样条线**：单击该按钮后，控制点上会生成样条线控制手柄。
- **彩色圆点**：用于在曲线相应的色相上生成控制点。

- 输入色相：用于微调控制点在水平方向的位置，调整需要改变的色相。
- 色相旋转：用于微调控制点在垂直方向的位置，调整改变后的色相。

3. "色相对饱和度" 标签页

该标签页的曲线编辑器与 "色相对色相" 标签页的曲线编辑器类似，横坐标表示色相，纵坐标表示饱和度。该标签页用于调整指定色相的饱和度，操作方法与前面类似。

4. "色相对亮度" 标签页

该标签页的曲线编辑器的横坐标表示色相，纵坐标表示亮度。该标签页用于调整指定色相的亮度值，操作方法与前面类似。

5. "亮度对饱和度" 标签页

该标签页的曲线编辑器的横坐标表示亮度，纵坐标表示饱和度，如图6-92所示，调整方法与前面类似。

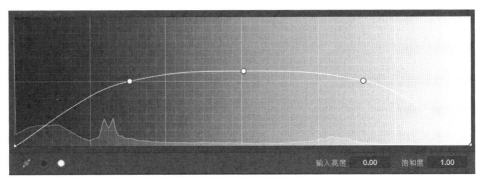

图6-92

> **注意**
>
> "色相对饱和度" 标签页用于对同一个画面中具有相同色相的像素进行调整，例如降低画面中红色的饱和度；而 "亮度对饱和度" 标签页用于对同一个画面中同样亮度的像素进行调整，例如降低暗部的饱和度。

6. "饱和度对饱和度" 标签页

该标签页的曲线编辑器的横坐标表示输入饱和度，纵坐标表示输出饱和度。使用该标签页可以更加精准地调节饱和度，例如轻松压低图像中的过饱和区域，防止色彩溢出。

7. "饱和度对亮度" 标签页

这是DaVinci 17新增的功能，其中曲线编辑器的横坐标表示输入饱和度，纵坐标表示亮度。使用该标签页可以精确地调整特定饱和度区域的亮度值，操作方法与前面类似。

▌6.9.8 "色彩扭曲" 面板的功能及操作（DaVinci 17新增）

"色彩扭曲" 面板是DaVinci 17新增的面板，是风格化色彩调整的 "利器"，在这之前，调色师一般都使用某种插件来实现该功能，现在DaVinci将该功能添加到了该面板中。

该面板有两个标签页，单击右上角的 ▦ 按钮，显示 "色相–饱和度" 标签页，如图6-93所示。单击 ▦ 按钮，显示 "色度–亮度" 标签页，如图6-94所示。也可以单击 "扩展" 按钮 ⛶，将面板独立显示。

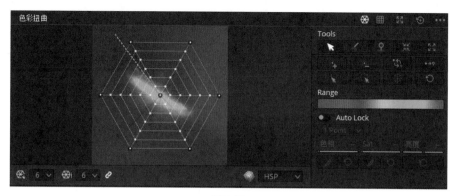

图6-93

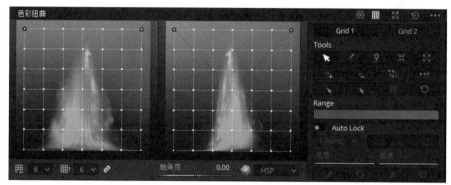

图6-94

1."色相-饱和度"标签页

该标签页左侧的色彩扭曲网格看起来有点像蜘蛛网,用它可以方便地同时调整色相和饱和度。

该标签页左下角的"色相分辨率"按钮⊗用于调整色彩在矢量方向上的数量,"饱和度分辨率"按钮⊗用于调整每个矢量方向上的控制点的数量,"锚链"按钮⊘用于设置两者是否同步调整,如图6-95所示。这3个按钮用来定义网格调色的精准度,色彩质量越高,网格中点线的密度越大。

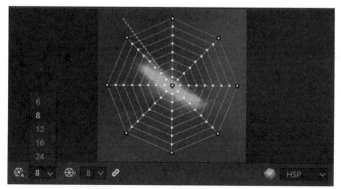

图6-95

黑色控制点表示固定控制点,通常保持不动,用于辅助调整,也可以选择后拖曳调整。白色控制点的位置会随着矢量方向线的移动而调整。控制点的位置表示色相,控制点与中心点的距离(内外)表示色相的饱和度大小，控制点的调整过程可参照背景色的调整过程，主要有以下两种方法。

第一种是在"检视器"面板上直接操作：单击"限定器"按钮 ![pen]，鼠标指针会在色彩扭曲网格上以红色十字形状动态显示，同时会用黄色方框自动框住最近的控制点，如图6-96所示。直接在"检视器"面板上单击并拖曳，即可实现对该控制点的调整。

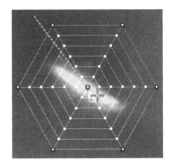

图6-96

第二种方法是使用面板操作，可直接在色彩扭曲网格上选择控制点并拖曳。

标签页右侧是工具面板，第一行的工具是先单击再到网格上操作，而第二行和第三行的工具和按钮是先选择控制点，再单击进行操作。

• 选择工具 ![icon]：在控制点上单击可选择控制点，右击可取消选择控制点，拖曳鼠标可以框选控制点。

• 画笔选择工具 ![icon]：在网格上拖曳，框住哪个控制点就选择哪个控制点。

• 固定点工具 ![icon]：单击哪个控制点就把该控制点变为固定控制点（用底部钉尖单击）。

• 收缩工具 ![icon]：单击网格的任何位置即可把周围的控制点收缩到单击点附近。注意，该工具更多的是直接在"检视器"面板上使用，要在图像上选定位置则单击即可。

• 扩展工具 ![icon]：与收缩工具的功能相反，操作相同。

注意，以下工具和按钮是先选择控制点，再单击进行操作。

• 增加衰减/平滑选择 ![icon]：简单地理解就是在选择一个控制点后，可以扩展选择周边的控制点。

• 降低衰减/平滑选择 ![icon]：将逐渐向中心取消选择控制点。

• 反选 ![icon]：反向选择控制点。

• 转变为固定点 ![icon]：将选择的控制点转变为固定控制点，如果要取消固定控制点，可以在该固定控制点上右击。

• 扩选到矢量方向点 ![icon]：选择一个控制点后，单击该按钮，可以扩选到矢量方向上的所有控制点。

• 扩选到环形方向点 ![icon]：选择一个控制点后，单击该按钮，可以扩选到环形方向上的所有控制点。

• 全选或取消全选 ![icon]：全部选择或取消全部选择控制点。

• 重置 ![icon]：重置所选的控制点，如果想重置网格则可以配合全选工具，全选后，再单击"重置"按钮。

• 范围选择工具 ![Range]：可以通过在色彩条上选定色彩范围的方式选择控制点，调整色彩范围的同时，网格控制点会动态变化。

• 自动锁定开关 ![Auto Lock 1 Point]：先通过下拉列表选择自动锁定的控制点的数量，打开自动锁定开关，这样再操作控制点时，与其相邻的控制点会自动锁定。

可以通过滑动底部的色相、饱和度和亮度滑块调整控制点的相关参数。"平滑"按钮和"重置"按钮用于对选择的控制点对应的项目进行平滑和重置操作。

2. "色度-亮度"标签页

可以将其想象为一个立体空间，纵向表示相应色彩的亮度，横向左侧网格1默认为黄色和蓝色互补色，右侧网格2默认为绿色和品红色互补色，拖动底部的"转轴角度"滑块 ![转轴角度 0.00] 可以调整，网格背景颜色会实时动态调整。操作时，在"检视器"面板中直接使用限定器工具（吸管图标），按住画面中需要调整的颜色并向上或向下滑动，即可直观地看到变化。

色彩立体空间的形态和位置可以在色彩空间下拉列表中选择，背景示波器可以在"色彩扭曲"面板的"设置"(3个小点)下拉列表中开启、关闭或调整强度等。

"轴角度" ![轴角度 0.00],水平拖曳滑块,色彩会在立体空间中旋转变化,如果读者了解LUT立体空间,则这里更容易理解。立体空间的形态和位置可以在色彩空间下拉列表中选择。

标签页右侧的工具面板与"色相-饱和度"标签页的工具面板基本相同,这里就不再重复介绍了。

6.9.9 "限定器"面板的功能及操作

"限定器"面板主要用来抠选视频画面中的局部色彩,它是二级调色的重要面板之一,如图6-97所示。该面板中主要包括4个标签页:"HSL""RGB""亮度""3D",读者可以针对不同的图像选择最合适的工具。

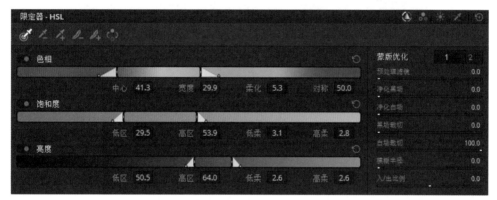

图6-97

在"限定器"面板中进行抠图操作时,可以单击"检视器"面板中的"突出显示"按钮 ![图标],这样可以很方便地观察选定的色彩范围,如图6-98所示。

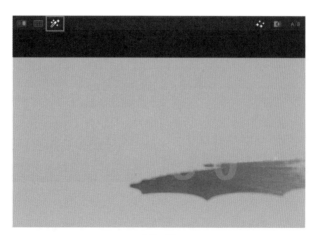

图6-98

面板顶部的范围选择工具如图6-99所示,从左到右介绍如下。

• 拾取器 ![图标]:用于在视频图像上进行采样,单击该按钮,在想要抠取的色彩上单击或拖曳即可实现基础采样操作,获得想要选取的大致范围。

图6-99

• 拾取器减 ![图标]:单击该按钮,在"检视器"面板中的图像上单击或拖曳可减去不需要的色彩范围。

拾取器加 ：单击该按钮，在"检视器"面板中的图像上单击或拖曳可增加需要的色彩范围。

柔化减 ：单击该按钮，在"检视器"面板中的图像上单击或拖曳可抠取边缘色彩，柔化减少选区边缘。

柔化加 ：单击该按钮，在"检视器"面板中的图像上单击或拖曳可抠取边缘色彩，柔化增加选区边缘。

反向 ：单击该按钮，可将选区反向。

1. HSL限定器

该限定器有"色相""饱和度""亮度"3个滑动条，如图6-100所示，每个都可以通过单击名称左侧的开关 单独开启或关闭。

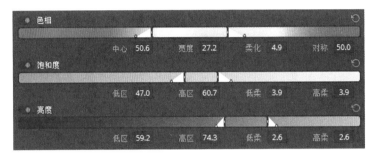

图6-100

"色相"滑动条显示的是完整的色相图谱，可以使用"检视器"面板中的限定器工具 直接在画面上单击，也可以在边框上直接拖曳，还可以通过调整下方的各参数值进行选取。边界在色相滑动条上是循环的，操作时应特别注意。

"饱和度"和"亮度"滑动条的操作与此类似，两个滑动条上的饱和度和亮度都是左低右高。

2. RGB限定器

RGB限定器通过RGB通道选取色彩，如图6-101所示，具体操作与HSL限定器的操作相同。

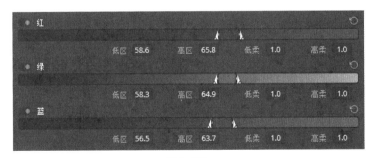

图6-101

3. 亮度限定器

这里只保留了"亮度"滑动条，关闭了"色相"和"饱和度"滑动条，如图6-102所示。

4. 3D限定器

3D限定器如图6-103所示，它使用色域立体图来实现抠像。不像其他限定器只能选取邻近色相范围，3D限定器可以同时选取多个色相范围。使用时只需要通过拾取器工具 、拾取器加工具 或拾取器减工具 ，直接在"检视器"面板中的画面上单击或进行划像操作，即可实现蒙版的制作。

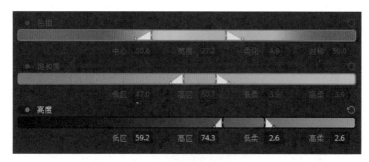

图6-102

图6-103

3D限定器的顶部增加了几个功能按钮。"显示笔触"按钮 ✎ 用于在"检视器"面板中显示拾色器划像选色的笔触。"自动黑白高亮显示"按钮 ◐ 用于在使用拾色器选色时将"检视器"面板的画面自动变为黑白色,以显示蒙版效果。"色彩空间" ⬛ YUV∨ 下拉列表用来选择使用哪个色彩空间。新版面板中增加了类似"色彩扭曲"面板中的"色度和亮度"控制参数,用它们可以更加方便、精准地调整色彩和亮度。

5. 蒙版优化

面板右侧的蒙版优化参数分为两页,如图6-104所示。DaVinci 17对此参数做了较大的调整,这些参数主要用来进一步优化抠像选区、去除噪点、填充蒙版孔洞等。使用时可以将"检视器"面板中的"突出显示黑白"按钮 ◐ 打开,如图6-105所示,这样更加便于观察。黑色表示不选、白色表示选取、灰色表示根据其灰度进行选取。调节蒙版优化参数的主要思路是把选区边缘和内部处理干净。

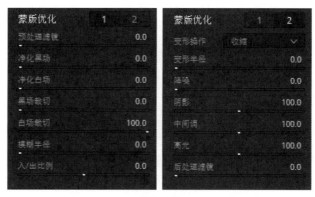

图6-104

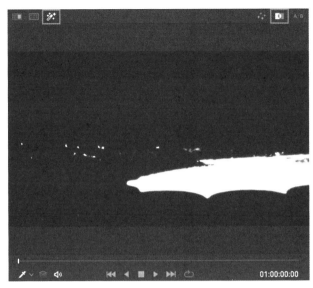

图6-105

"预处理滤镜"及"后处理滤镜"都是DaVinci 17增加的参数，对其进行简单的调节即可获得较好的效果。

"净化黑场"和"净化白场"参数用来让接近黑色的像素更黑（使蒙版外部更干净），接近白色的像素更白（使蒙版内部更干净）。

"模糊半径"参数用来平滑蒙版的边缘。

"入/出比例"参数用来控制"模糊半径"是作用在蒙版边缘的外部还是内部，当该参数为负值时收缩蒙版边缘，当该参数为正值时扩大蒙版边缘。

"变形操作"下拉列表中有4种模式："收缩"可以理解成将蒙版收缩得更小；"扩展"可以理解成将蒙版扩展得更大；"开放"可以理解成扩大黑色的孔洞，消除蒙版外部不想选取的杂色部分；"闭合"可以理解成缩小黑色的孔洞，闭合蒙版内部不需要的孔洞。

其他参数读者可以尝试进行不同的设置以加深理解。

6.9.10 "窗口"面板的功能及操作

"窗口"面板如图6-106所示，该面板同样是二级调色的重要面板，其功能简单地理解就是绘制遮罩。需要注意的是，视频是动态的，在某一帧绘制的遮罩不一定适用于之前或之后的所有帧，如果是整块的大面积遮罩还可以使用，如果是人物面部等局部遮罩就一定要记得配合"跟踪器"面板做好窗口的跟踪。

工具栏上主要包括四边形、圆形、多边形、曲线、渐变5个工具按钮，单击后会在基本图形的基础上新增图形。创建的图形可以删除。

工具栏下面是图形列表，默认放置了几种基本图形，单击后会直接在"检视器"面板上创建图形，新增的图形会在图形列表后面不断追加。可以同时有多个窗口图形被激活，以形成组合图形。

"检视器"面板上的图形如图6-107所示，粗线框表示遮罩范围，周边的细线框表示柔化范围，可以在"检视器"面板的画面上直接拖曳或在参数框中修改参数值。

图6-106

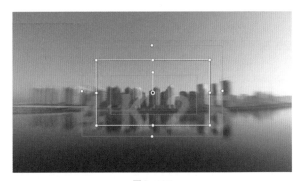

图6-107

在图形列表中，每个图形的右侧都有两个按钮：一个是"反向"按钮，单击后图形遮罩将反向；另一个是"遮罩"按钮，单击后会形成遮罩。如在长方形中抠掉一个圆形，这里单击圆形的"遮罩"按钮，如图6-108所示（打开"突出显示黑白"按钮将更加便于观察）。将不同图形的"反向"和"遮罩"按钮配合使用，可以组合出所需的遮罩图形。

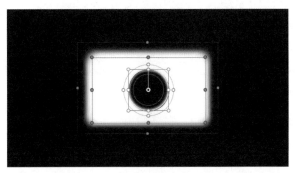

图6-108

面板右侧的参数主要包括"变换"和"柔化"两栏，如图6-109所示，根据窗口图形的不同，这里的参数会略有不同。"变换"栏的参数主要用于调整窗口图形，"柔化"栏的参数主要用于柔化图形的周围区域，同样可以在"检视器"面板的画面上直接拖曳或直接修改参数值。

在"窗口"面板的"设置"下拉列表中，可以实现窗口和跟踪数据的复制和粘贴等操作，还可以将图形曲线变为贝塞尔线，便于调整，如图6-110所示。

图6-109

图6-110

■ 6.9.11 "跟踪器"面板的功能及操作

"跟踪器"面板如图6-111所示，它的功能非常强大，可以实现目标对象的平移、竖移、缩放、旋转、透视等动态跟踪。

图6-111

"跟踪器"面板有3个标签页："窗口""稳定器""特效 fx"。

1. "窗口"标签页

该标签页用于对在"窗口"面板中绘制的图形进行跟踪，确保其在整个视频片段中都限定准确。

跟踪控制按钮 ⏮ ◀ ⏸ ⇄ ▶ ⏭ 与播放器控制按钮类似，中间的双向箭头按钮是 DaVinci 17 新增加的，单击该按钮可以实现前后双向跟踪。

勾选跟踪类型复选框 ✓ 平移 ✓ 竖移 缩放 旋转 3D ，可以根据目标对象的运动特点选择跟踪类型，可以同时勾选多个，每个复选框名称的颜色与下面曲线面板上跟踪曲线的颜色一致，便于查看和修改跟踪效果。

在"片段"模式下 会对窗口图形进行整体跟踪移动。在"帧"模式下可以在跟踪过程中设置关键帧，控制窗口跟踪运动，这同时也是逐帧手动绘制图形、抠图的常用操作。

曲线区域上部是时间标尺，同样具有播放头。跟踪关键帧在时间标尺上以菱形图标表示。曲线区域的右上方有帧控制按钮，单击相应的按钮可以跳到前一个关键帧、创建关键帧和跳到后一个关键帧。删除关键帧在面板的"设置"下拉列表中进行。跟踪曲线不同的颜色表示不同的跟踪类型，右下角的数据表示当前播放头所在位置的运动参数值。底部和右侧的滑块用来在水平和垂直方向上放大曲线，如图6-112所示。

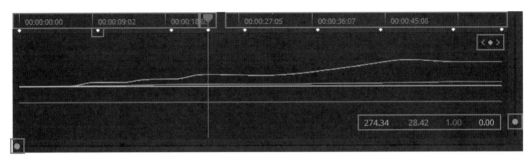

图6-112

使用交互模式 可以手动设置跟踪特征点，先勾选"交互模式"复选框将其激活，然后在图形区域或框选区域插入或删除跟踪特征点。例如，在插入跟踪特征点后，可以在塔尖以外的部分框选，删除不需要的跟踪特征点，如图6-113所示。

面板右下角有"云跟踪"和"点跟踪"选项，"云跟踪"可以理解为对一小块图像进行跟踪。选择"点跟踪"后，需要在交互位置添加跟踪点，然后拖曳到画面反差较大的目标点处（可以多个）。例如，拖曳到钟表处，再开始进行跟踪操作，如图6-114所示。

图6-113

图6-114

2. "稳定器"标签页

"稳定器"标签页如图6-115所示，它同样采用跟踪的原理，用来将跟踪的结果反作用于画面，使画面保持稳定。实际操作比较简单，在标签页右下角可以选择模式，在标签页右上角单击"稳定"按钮后会自动进行分析处理；勾选左上角的"绕过稳定功能"复选框可以临时关闭稳定效果，标签页左下角是一些参数，可根据实际稳定效果调整。中间的彩色曲线与跟踪曲线的定义一致。

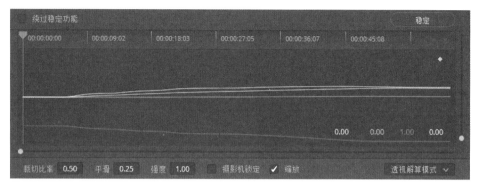

图6-115

3.“特效fx”标签页

该标签页用来实现特效跟踪，其操作与前面两个标签页基本一致，这里就不再详述了。

■ 6.9.12 “神奇遮罩”面板的功能及操作（DaVinci 17新增）

“神奇遮罩”面板如图6-116所示，它是DaVinci 17新增的面板。该面板能够将调色师从烦琐的手动抠图工作中解脱出来，其操作非常智能。利用人工智能运算，可以直接把人像甚至人体的某个部分抠取出来，以便进行二级调色等操作。

图6-116

“神奇遮罩”面板的主要功能和操作如下。

模式按钮 人体 特征 用于选择是制作人物整体遮罩还是制作人物的部分特征遮罩。

跟踪控制按钮 从左至右依次为“跳转到第一帧”“反向跟踪一帧”“反向跟踪全部帧”“停止”“双向跟踪”“正向跟踪全部帧”“正向跟踪一帧”“跳转到最后一帧”按钮。

工具栏 从左至右分别为“吸管加”“吸管减”“翻转遮罩”“开/关遮罩叠加”“参数设置栏开关”按钮。“吸管加”按钮在操作时需要“检视器”面板处于“限定器”状态，并在图像中的人物身上或某个部位上滑动，出现蓝色的笔触表示该人物处于选中状态。注意，笔触并不是越长越好，因为视频画面是动态的，可能会在后续跟踪时受到影响，笔触可以短一些，多增加几条。“吸管减”按钮用来绘制人物以外的不需要的背景等，用红色笔触表示，操作方法类似。“翻转遮罩”按钮用来翻转已有的遮罩。单击“开/关遮罩叠加”按钮后会在“检视器”面板的图像上以红色蒙版表示已经选取到的人物，该按钮用来精确调整蒙版的边缘。

"参数设置栏开关"按钮用来显示或关闭参数设置栏。

笔触跟踪区域用来显示所有笔触的跟踪情况。选择"人体"模式,绘制笔触并进行跟踪,左侧列表中会显示人体笔触的跟踪情况,如图6-117所示。

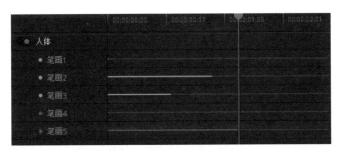

图6-117

当选择"特征"模式时,先在左侧列表中选择某个特征,然后绘制笔触并进行跟踪,左侧会显示每一个特征笔触的跟踪情况,如图6-118所示。

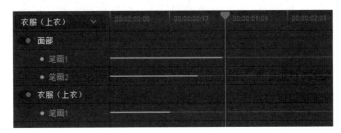

图6-118

参数区域如图6-119所示,使用这些参数可制作更细致的蒙版,还可以对边缘进行平滑和柔化操作。

要决定在"质量"栏里选择"更快"还是"更好",需要考虑画面质量、实际需求和计算机的处理能力等多个因素。

"智能优化"滑动条用于对蒙版自动进行适当的修整,向左拖曳滑块,容差能力增大,边缘可能会包含一些不需要的部分;向右拖曳滑块,容差能力降低,蒙版精度变高,需要的人体部分可能会被抠掉,因此可以将红色指示蒙版打开,根据实际效果进行细微调整。

其他参数的作用与"蒙版优化"中的参数的作用相同,这里不再重复介绍。

图6-119

最后需要提示的是,在"神奇遮罩"面板中制作的蒙版可以和在"窗口""限定器"面板中制作的蒙版或外部蒙版在"键"面板中进行混合调整。

下面以制作人物抠像效果为例介绍"神奇遮罩"面板的用法。

1 在"检视器"面板中显示带人像的视频,确认打开"突出显示" 或者"遮罩叠加" 开关,打开"神奇遮罩"面板,选择"人体"模式,单击"吸管加"按钮 。

2 在"检视器"面板的画面中的人像内部滑动,可以选择一些区域,如果人像外部被选中,可以单击"吸管减"

按钮 ，在这些地方滑动，将其减去，反复操作，轻松实现人像蒙版的制作，在"监视器"面板中可以实时
观察到人物抠像状态。

3 单击"双向跟踪"按钮 ，软件会自动进行分析处理，将该视频片段中的人像跟踪处理出来，其在笔触跟踪
区域中以蓝色横线表示。

4 进一步调整画面细节及优化参数。

▍6.9.13　"模糊"面板的功能及操作

"模糊"面板如图6-120所示。

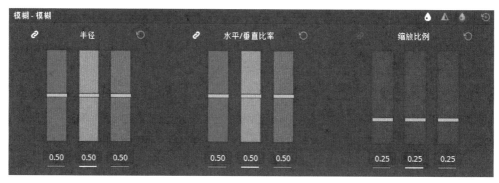

图6-120

该面板有3个标签页："模糊""锐化""雾化"。每个标签页中主要包括"半径""水平/垂直比率""缩放
比例"3组滑块，每组滑块都可分为R、G、B 3个通道，左上角的"锚链"按钮 开启后，可同时调整3个通道，
关闭后可单独调整每个通道。

1."模糊"标签页

"半径"滑块用于调整模糊或锐化程度，向上拖曳滑块（大于0.5）进行模糊处理，在"检视器"面板中
观察模糊效果，达到满意即可；向下拖曳滑块（小于0.5）则进行锐化处理。"水平/垂直比率"滑块用于调整
模糊方向，向上拖曳滑块（大于0.5）可增加水平方向减少垂直方向，向下拖曳滑块则效果（小于0.5）相反。

2."锐化"标签页

进入"锐化"标签页后，"缩放比例"滑块激活。进行锐化操作时，向下调整"半径"滑块（小于0.5），
然后根据需要调整"水平/垂直比率"滑块和"缩放比例"滑块，可以调整图像的锐化程度。

增加底部的"级别"参数值，会逐步忽略图像的低细节区域，也就是说，会更多地锐化轮廓清晰的图像。
调整"核心柔化"参数可以柔化锐化边缘。

3."雾化"标签页

在"雾化"标签页中可以轻松制作烟雨朦胧的效果。操作时要特别注意，先向下拖曳"半径"滑块，进行
锐化处理，再调整底部的"混合"参数，产生雾化效果，调整参数的同时注意观察"检视器"面板中的画面。

▍6.9.14　"键"面板的功能及操作

"键"面板如图6-121所示，可以将其理解为视频片段的Alpha通道面板，用黑色、白色、灰色来表示，黑

色部分表示遮挡部分, 白色部分表示透出部分, 灰色部分表示半透明区域。不管是"限定器"面板中的 Alpha 通道, 还是"窗口""跟踪器""神奇遮罩"面板中的 Alpha 通道, 抑或是外部的 Alpha 通道, 都可以在这里看到。

图 6-121

右上角的"节点键"表示键类型, 当在"节点"面板中选择不同的节点时会在这里提示, 例如选择外部节点或键混合器节点, 这里会有相应的变化。

"键输入"栏右边有两个按钮: 一个是"反向"按钮 ⬛, 另一个是"遮罩"按钮 ⬛ (遮住或理解成减去), 它们的作用与"窗口"面板中的这两个按钮的作用相同。

左侧的图像是键的图示, 以黑白灰图像表示, 与"检视器"面板上"突出显示黑白"的效果相同。

- 增益: 增加"增益"值可以让灰的地方更白, 减少"增益"值可以让灰的地方更黑。
- 偏移: 改变键的亮度。
- 模糊半径: 增加或降低键的模糊程度。
- 模糊水平 / 垂直: 在横向或纵向上增加模糊程度。

具体参数的设置或显示内容与键类型有关。

▍6.9.15 "调整大小"面板的功能及操作

"调整大小"面板包括"调整编辑大小""调整输入大小""调整输出大小""调整节点大小""调整参考静帧大小"5 个标签页, 以对应调整不同的画面,"大小 – 调整编辑大小"标签页如图 6-122 所示。可以对画面进行水平、垂直方向上的移动或进行旋转、缩放、变形、裁切等操作, 具体参数的设置比较简单。操作时, 要先设置好调整的对象, 选择相应的标签页, 再调整参数。这里需要注意的是, 调整"输出大小"时, 时间线上的所有媒体片段均会被调整。

图 6-122

最后一个"立体3D"面板将在3D视频的调色操作实例中进行讲解。

6.10 "fx效果"面板的功能及操作

单击工作区右上方的"fx效果"按钮 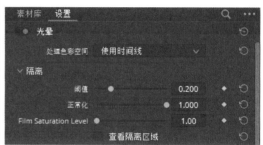 效果，会出现"素材库"或"设置"标签页，如图6-123所示。

图6-123

使用时，只需展开"素材库"标签页，将需要使用的特效直接拖曳到相应的节点上，系统会自动跳转到"设置"标签页，在其中调整相应的参数即可。需要注意的是，一个节点只能使用一种特效。单击右侧的"搜索"按钮 🔍，弹出搜索框，可输入插件名称进行搜索。

DaVinci 17为每个特效都添加了图标，配合文字可以直观地说明特效的合成效果，读者平时可以多尝试。

可以配合"关键帧"面板制作动画，让特效动起来，这样效果会更加酷炫。下面仅简单罗列包含的特效，让读者有个初步印象，读者也可以在软件中逐一应用尝试这些特效。几款常用特效会在实例部分进一步介绍。

• 修复类特效包括去色带、去闪烁、坏点修复、局部替换工具、帧替换器、彩边消除、物体移除、自动除尘、降噪、除尘。

• 光线类特效包括光圈衍射、光晕、发光、射光、镜头光斑、镜头反射。

• 变换类特效包括变换、摄影机晃动、视频拼贴画、运动匹配。

• 扭曲类特效包括凹痕、变形器、波状、涟漪、旋涡、镜头畸变。

• 抠像类特效包括3D键控器、Alpha蒙版收缩与扩展、HSL抠像、亮度抠像。

• 时域类特效包括定格动画、涂抹、运动拖尾、运动模糊。

• 模糊类特效包括四方形模糊、径向模糊、方向模糊、缩放模糊、镜头模糊、马赛克模糊和高斯模糊。

• 生成类特效包括网格、色彩生成器和配色板。

• 纹理类特效包括JPEG低画质、模拟信号损坏、突出纹理、细节恢复、胶片损坏、胶片颗粒。

• 美化类特效包括美颜、自定义混合器、面部修饰。

• 色彩类特效包括ACES转换、DCTL、伪色、反转颜色、添加闪烁、突出反差、色域映射、色域限制器、色度适应转换、色彩压缩器、色彩稳定器、色彩空间转换、除霾。

- 锐化类特效包括柔化与锐化、锐化、锐化边缘。

- 风格化类特效包括扫描线、投影、抽象画、暗角、棱镜模糊、水彩、浮雕、移轴模糊、边缘检测、遮幅填充、铅笔素描、镜像、风格化。

6.11 "光箱"面板的功能及操作

"光箱"面板也是比较重要的调色片段管理面板,在大型项目中,当调色片段非常多时,使用该面板可以更多地展示调色片段,便于比对调色效果、管理调色片段等。直接单击工作区右上方的"光箱"按钮 可展开该面板,面板左上方有以下3个按钮。

- 调色控制工具 :单击该按钮后会在面板底部显示所有调色控制工具,个别简易的调色操作可以在这里完成。

- 片段过滤器 :单击该按钮后会在面板左侧列表中出现片段过滤器的相关参数,直接单击相应的参数即可在面板右侧动态显示满足其条件的调色片段。例如,选择"未调色的片段"选项,可以防止部分调色片段漏调,或可以筛选旗标文件等,操作非常灵活。

图6-124

- 信息 :单击该按钮后会将调色片段的信息显示在其上方、下方,如图6-124所示。

在"光箱"面板的右上方有一个滑动条,左右拖曳滑块可以调整画面缩略图的大小。

6.12 "关键帧"面板的功能及操作

在"关键帧"面板中可以直观地看到每个调色节点上可以设置关键帧动画的所有项目,便于统一管理。

"关键帧"面板左侧列表中会显示校正器节点 ,几个工具按钮从左至右依次为"开启/禁用""锁定""自动关键帧"等。

操作时,将"自动关键帧"按钮激活,将播放头移动至需要设置关键帧的位置,调整窗口图形或其他项目参数,系统会自动记录关键帧并形成过渡动画,如图6-125所示。

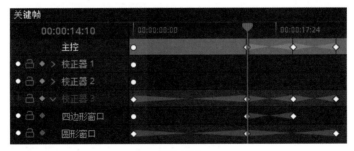

图6-125

在"关键帧"面板上右击，在弹出的菜单中可以设置关键帧是动态关键帧还是静态关键帧。两个动态关键帧之间可以形成过渡动画，当播放到静态关键帧位置时会直接跳变。两种关键帧各自有各自的用途，在制作视频时，读者可根据需要进行设置。

6.13 "信息"面板的功能及操作

单击工作区中的"信息"按钮后进入"信息"面板，如图6-126所示，该面板包括左右两栏，左栏是选择的视频片段的相关信息，右栏是系统的相关信息。

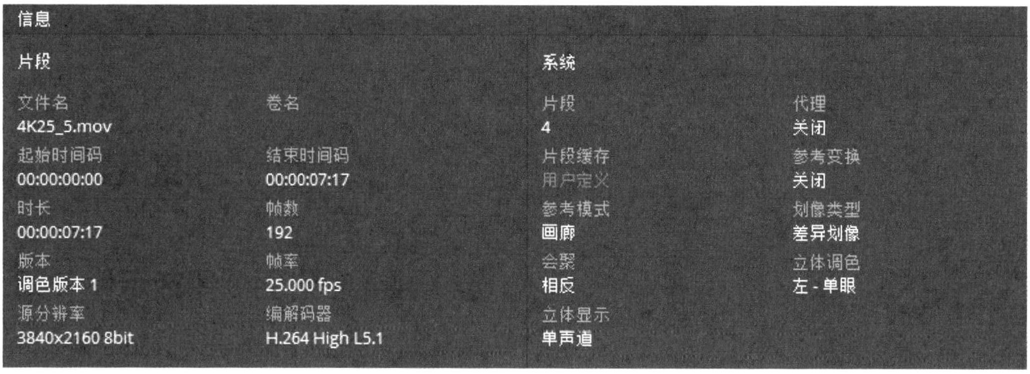

信息			
片段		**系统**	
文件名 4K25_5.mov	卷名	片段 4	代理 关闭
起始时间码 00:00:00:00	结束时间码 00:00:07:17	片段缓存 用户定义	参考变换 关闭
时长 00:00:07:17	帧数 192	参考模式 画廊	划像类型 差异划像
版本 调色版本 1	帧率 25.000 fps	会聚 相反	立体调色 左 - 单眼
源分辨率 3840x2160 8bit	编解码器 H.264 High L5.1	立体显示 单声道	

图6-126

第7章

高级进阶：
色彩风格化高级进阶实例

07

想要获得好的调色效果，就要先打好基础，上一章学习的一级和二级调色只是基本操作，更重要的是要培养艺术素养。读者平时可以多看电影，多积累，还可以通过截取电影片段或电影现场花絮镜头进行模拟学习。在学习的过程中不能急于求成，需要积累、沉淀。本章重点介绍一些风格化影片的制作方法、特效的制作方法及进阶调色操作等，供读者学习参考。

7.1 实例：黑白风格调色

制作黑白影像并不是简单地去掉色彩就可以了，即使是黑白影像，也有硬朗、质感、胶片、柔和和水墨等多种风格。制作黑白影像的方法有很多，下面简要介绍几种常用的方法。

新建一个项目，设置分辨率为"1920×1080HD"、帧率为"25"，将其命名为"黑白风格"，设置好参数。导入媒体素材，如"素材2：不同场景练习视频"文件夹中的"4K_50_07"，并将其添加到时间线上。

方法一

1 进入"调色"工作区，在"片段"面板上选择媒体片段，在"色轮"面板上将"饱和度"数值调整为0，如图7-1所示。

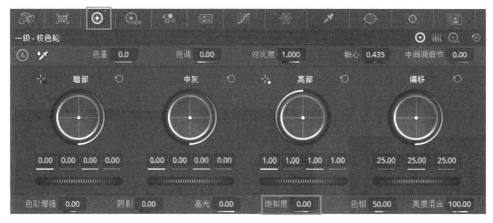

图7-1

或者将"HDR调色"面板中Global色轮的"饱和度"调整为0，如图7-2所示。

图7-2

2 调整色轮或曲线，这里调整曲线。将其调整为S形，增加对比度，使黑白画面变得更加硬朗，如图7-3所示。

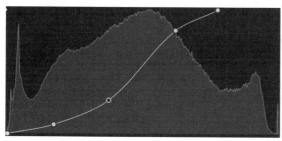

图7-3

方法二

1 按快捷键Ctrl+Y或Command+Y创建该媒体片段的新调色版本,在"节点"面板中的节点上右击,在弹出的菜单中执行"重置节点调色"命令,如图7-4所示。

2 进入"RGB混合器"面板,勾选右下角的"黑白"复选框,如图7-5所示,即可将画面调整为黑白风格。

图7-4

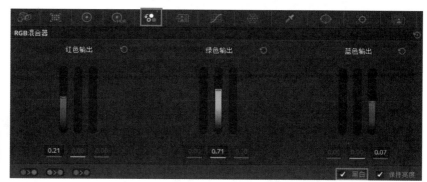

图7-5

3 拖曳调整红色、绿色或蓝色滑块,使用其他调色工具继续调整黑白影像效果。

方法三

1 按快捷键Ctrl+Y或Command+Y创建该媒体片段的新调色版本,在"节点"面板中的节点上右击,在弹出的菜单中执行"重置节点调色"命令。

2 选择该节点,执行"调色>节点>添加分离器/结合器节点"命令,分离出的红、绿、蓝通道都是黑白通道,可以直接选择一个通道连接到输出节点上,如图7-6所示。或新建一个图层混合器节点并右击,在弹出的菜单中执行"叠加"命令,将3个通道节点连接后输出,如图7-7所示。

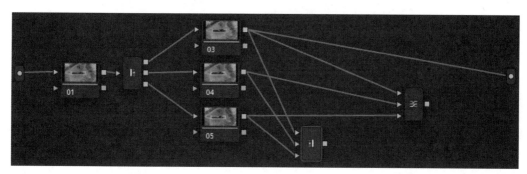

图7-6

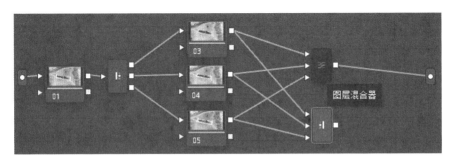

图7-7

3 在校正器节点上进行调整，每一个通道节点都能独立调整。

> **提示**
>
> 　　将"饱和度"调为0画面会变为黑白效果，红、绿、蓝3个通道的饱和度也会相应降低。在"RGB混合器"面板中勾选"黑白"复选框，可以单独调整红、绿、蓝通道的亮度，从而得到更好的黑白效果。

方法四

1 在"检视器"面板中单击"分屏"按钮，在右侧下拉列表中选择"调色版本"选项，可以将刚才的所有调色版本同时显示出来，如图7-8所示，在相应的画面上双击即可进入并编辑该调色版本。

图7-8

2 在"检视器"面板中的画面上右击，在弹出的菜单中选择相应的版本进行进一步操作，如图7-9所示。也可以使用快捷键操作：下一个调色版本的快捷键是Ctrl+N或Command+N，上一个调色版本的快捷键是Ctrl+B或Command+B。

图7-9

7.2 实例：局部染色风格调色

完成基本的局部染色操作主要有两种方式：一种是直接抠取背景，将背景调整为黑白效果；另一种是抠取主体，反向，再将背景调整为黑白效果。抠图时，可以使用限定器工具，优点是快速、便捷，可跟随画面动态抠图；也可以使用"窗口"面板，优点是相对精准，但需要使用跟踪工具进行跟踪，或采用逐帧ROTO实现动态画面抠图。当然也可以将"窗口"面板和限定器工具结合使用。

1 新建一个项目，设置分辨率为"1920×1080HD"、帧率为"25"，并命名为"局部染色"。

2 在"剪辑"工作区的"媒体池"面板中导入"抠图：局部色彩练习素材"文件夹中的"MG_7285"和"呼伦贝尔航拍-12"图片素材，并将其拖曳到时间线上。

3 进入"调色"工作区，选取"MG_7285"图片，先在"大小"面板中的"调整输入大小"标签页中，参照图7-10设置参数，调整图片至满屏。

图7-10

4 进入"限定器"面板，选择"亮度"抠像，在"检视器"面板中使用拾取器工具，在天空和白云部分滑动选取天空背景，主要参数设置如图7-11所示。

图7-11

5 此时可能还看不到效果，单击"检视器"面板中的"突出显示"按钮和"突出显示黑白"按钮，可以看到已经基本完成抠像。图片中的主体为黑色，背景为白色，但还有一些黑色和白色的噪点。继续在"限定器"面板中进行调整，对蒙版进行优化，适当调整净化和降噪等参数，使黑白区域都更加干净，如图7-12所示。

6 关闭"检视器"面板的"突出显示"按钮，进入"RGB混合器"面板，勾选底部的"黑白"复选框，可以看到实现了背景为黑白色、主体为彩色的局部染色效果，如图7-13所示。

7 接下来介绍另外一种方法，选取"呼伦贝尔航拍-12"图片，在"大小-调整编辑大小"标签页中将"缩放X"和"缩放Y"同步调整为"1.4"，同样实现了放大图片的效果。

图7-12

图7-13

8 在"节点"面板中新建串行节点（快捷键为Alt+S或Option+S），进入"窗口"面板，单击"曲线"按钮，在"检视器"面板中选择主体轮廓，可以使用鼠标中键放大画面以便操作。

调整曲线主要有以下几种操作。

①在曲线上直接单击，添加新控制点。

②使用鼠标中键单击控制点可删除控制点。

③按住Ctrl或Command键，在控制点上拖曳，可以拖出控制手柄。

④按住Ctrl或Command键调整控制手柄，可以单独调整单侧控制手柄。

对于主体图案的几个分岔，可以继续添加曲线将其框选，软件默认会将几个曲线所围的图形自动合并。绘制曲线后的效果如图7-14所示。

▌9▐ 在"节点"面板上右击02节点，在弹出的菜单中执行"添加节点>添加外部节点"命令（快捷键为Alt+O或Option+O），如图7-15所示。

图7-14

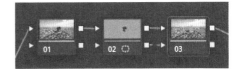

图7-15

▌10▐ 选择新建的03外部节点，勾选"RGB混合器"面板底部的"黑白"复选框，可以看到图片有了局部染色效果，如图7-16所示。这里制作的是静态图片，如果制作动态视频，不要忘记还需要进行跟踪，并细致调整窗口曲线。

这种方法最大的优点是可以对染色部分和黑白部分分别进行色彩调整，便于进行风格化调色。

图7-16

7.3 实例：怀旧老照片风格调色

本实例综合使用"效果"和"LUT"等工具，简单模拟怀旧老照片风格。

▌1▐ 新建一个项目，设置分辨率为"1920×1080HD"、帧率为"25"，并命名为"怀旧老照片"。

▌2▐ 在"剪辑"工作区的"媒体池"面板中导入"素材2：不同场景练习视频"文件夹中的"4K_50_02"媒体素材，并将其拖曳到时间线上。

▌3▐ 进入"调色"工作区，对画面进行一级调色。这里简单将"色轮"面板中"暗部"色轮的主旋钮向左拖曳，使其分量图接近底部，如图7-17所示，在画面中的表现是将暗部压暗。

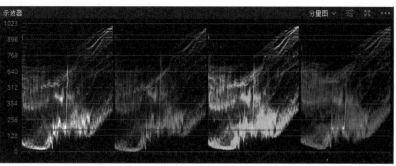

图7-17

4 在"节点"面板中添加一个串行节点。在"素材库"标签页中找到"色彩空间转换"特效，将其拖曳到新增加的02节点上。在"设置"标签页中将其转换成Log图像，便于对其使用LUT。这里将"输出色彩空间"设置为"ARRI Alexa"，将"输出Gamma"设置为"ARRI LogC"，此时画面变成了灰色，如图7-18所示。

图7-18

5 添加一个串行节点03，在"LUT"面板中展开"Film Looks"列表，将"Rec709 Kodak 2383 D65"拖曳到新增的03节点上，画面会立即呈现出老照片风格（也可使用其他LUT进行尝试），如图7-19所示。

图7-19

6 添加串行节点04，在"素材库"标签页中找到"胶片损坏"特效并将其拖曳到新增的04节点上，形成了更老旧的照片风格。如果感觉画面风格过于强烈，可以调整"设置"标签页中的参数，也可以在"键"面板中减小"键输出"栏的"增益"数值，如图7-20所示。

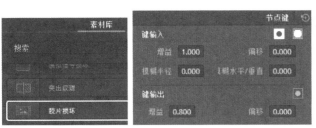

图7-20

7 添加串行节点05，在"素材库"标签页中找到"胶片颗粒"特效，将其拖曳到05节点上，调整相关参数，如图7-21所示，增强画面的胶片颗粒感。

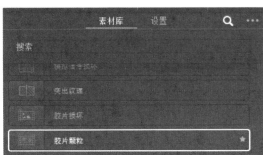
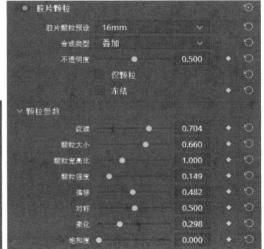

图7-21

8 添加串行节点06，在"素材库"标签页中找到"暗角"特效，将其拖曳到06节点上，如图7-22所示。调整相关参数，在"设置"标签中将"大小"调整至"0.73"，将"变形"调整至"1.75"。

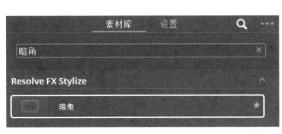

图7-22

9 由于添加了很多特效，实时播放时可能会出现卡顿。可以在"片段"面板中右击该媒体片段，在弹出的菜单中执行"渲染缓存调色输出"命令，然后执行"播放>渲染缓存>用户定义（或智能）"命令，将其缓存后播放也可以达到实时播放的效果。

7.4 实例：将白昼改为黄昏

本实例介绍基本的节点调色方法，重点介绍技术，在实际的影片制作过程中，前期拍摄是基础，后期校色和风格化处理才是重点。

1 新建一个项目，设置分辨率为"1920×1080HD"、帧率为"25"，并命名为"白昼改黄昏"。导入"素材1：不同分辨率和帧速率视频"文件夹中的"4K25_5"媒体素材，将其拖曳到时间线上。进入"调色"工作区，在"片段"面板上选择该媒体片段。

2 校正画面。先使用一个节点将该媒体片段校准，从"示波器"面板的分量图可以看出，画面整体偏亮，如图7-23所示，因为素材是正午时分拍摄的，光线比较强。第1个节点的主要操作思路是降低亮部的参数值，恢复细节；降低暗部的参数值，恢复黑点；调整中灰区域的参数值，恢复层次；增加饱和度，补偿强光下饱和度的损失。使用"色轮"面板，主要参数的调整如图7-24所示，调整后的画面如图7-25所示。

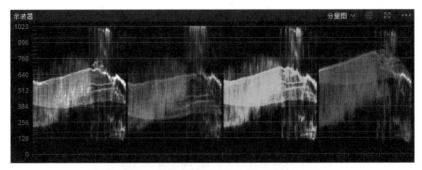

图7-23

图7-24

图7-25

3 将画面改为暗调。将画面调整为黄昏的暗调。增加一个串行节点，降低亮部和中灰区域的参数值，让画面暗
下来，"色轮"面板中的参数设置如图7-26所示。可以看到在船体和救生筏区域还有一些高光点，继续在
"色轮"面板里面的"Log色轮"标签页中将高光的参数值降低，如图7-27所示。

图7-26

图7-27

4 调整局部。由于船体部分区域反光仍然比较强烈，可以增加一个并行节点，使用二级调色的工具绘制一个窗
口图形，如图7-28所示，并进一步压暗画面（调色时可以少量多次进行处理，避免产生色彩断裂和画面分割
的情况），将"色轮"面板中的"亮部"设置为"0.9"。播放视频片段，可以看到窗口图形基本能够覆盖，这
样就不用进行跟踪操作了。

图7-28

5 增加黄昏光线。增加一个并行节点，单击"圆形"按钮在地平线附近绘制窗口图形。单击"曲线"按钮，绘制
窗口图形，排除陆地部分（因为海面和船体有反射，陆地部分的反射较少）。在"色轮"面板中将"中灰"色
轮调整为略带洋红色，将"亮部"色轮调整为略带金色，增加层次。参数设置和效果图如图7-29至图7-31
所示。

图7-29

图7-30

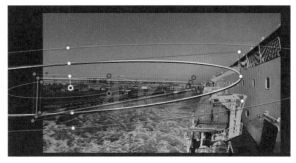

图7-31

6 局部微调。可以看到调整后救生筏的颜色饱和度过高，有些刺眼，可新增一个并行节点，单击展开"曲线"面板中的"色相对饱和度"标签页，在"检视器"面板中使用限定器工具🖊单击画面中橙色的救生筏，曲线上会自动生成控制点，向下拖曳即可降低该色彩的饱和度，如图7-32所示。

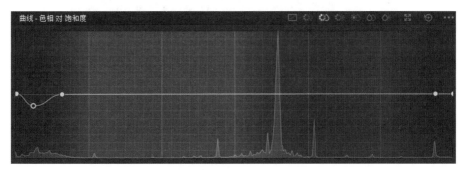

图7-32

7 进行风格化处理。在并行节点后新建一个串行节点，如图7-33所示，用来调整画面风格，使画面风格向老照片风格靠近。主要思路是增加对比度，增加色温，将"暗部"色轮的色彩平衡指示点向青色（偏绿色）方向移动，将"亮部"色轮的色彩平衡指示点向橙色方向移动，如图7-34所示。调整曲线，适当增加亮度，如图7-35所示，减少画面发灰、发脏的感觉，效果如图7-36所示。

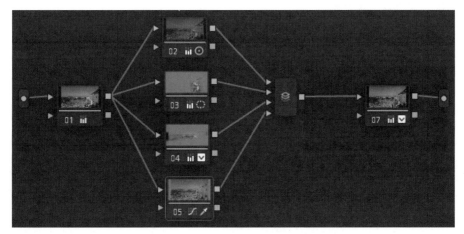

图7-33

图7-34

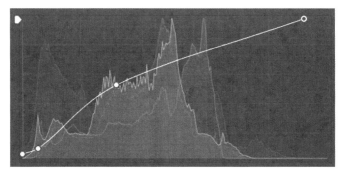

图7-35

图7-36

虽然进行了一系列的调色操作，但仍然有部分色彩不是很自然，画面还不够通透，这里只演示各种调色操作技法，读者可以自行尝试继续调整。

7.5 实例：制作三基色分离视频

本实例使用"调整大小"面板制作目前比较流行的三基色分离效果，下面主要介绍一些功能面板和节点的操作方法。

1 新建一个项目，设置分辨率为"1920×1080HD"、帧率为"25"，并命名为"三基色分离"。导入"素材1：不同分辨率和帧速率视频"文件夹中的"4K50_4"媒体素材，将其拖曳到时间线上。进入"调色"工作区，在"片段"面板上选择该媒体片段。

2 在"节点"面板中选择01节点，使用快捷键Alt+Y或Option+Y创建分离器节点和结合器节点，如图7-37所示。

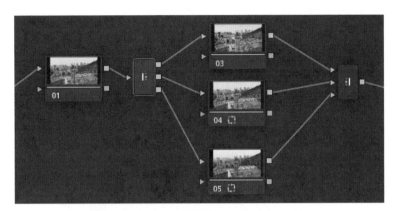

图7-37

3 单击"调色"工作区中的"调整大小"按钮 ![icon]，打开"调整大小"面板。

4 选择04节点，在"调整大小"标签页中将"平移"参数设置为"10.000"（可以在"检视器"面板中看到变化），如图7-38所示。

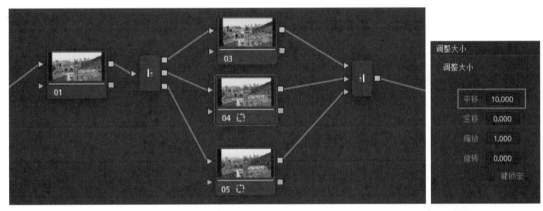

图7-38

5 使用同样的操作，选择05节点，将"平移"参数设置为"20.000"，如图7-39所示。

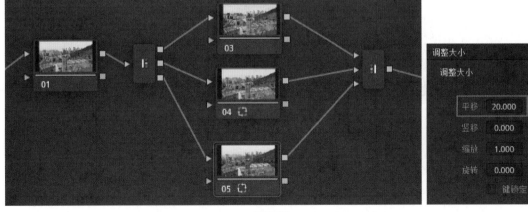

图7-39

6 在"检视器"面板中将画面放大至200%进行观察，可以明显看到RGB色彩产生了分离效果，如图7-40所示。

图7-40

7.6 实例：人像美化

本实例介绍当前非常流行的人像视频的美颜与磨皮等操作。

1 新建一个项目，设置分辨率为"1920×1080HD"、帧率为"25"，并命名为"人像美化"。导入一个人像视频素材，在"剪辑"工作区中将其拖曳到时间线上。

2 下面进行美颜操作。将人物面部抠取出来，以免对人像的处理影响到头发、衣物和背景环境等。在DaVinci 17中可以使用"神奇遮罩"面板，选择"特征"模式，在下拉列表中选择"面部"选项，如图7-41所示。使用6.9.12小节中介绍的方法，多次单击"吸管加"按钮 ✐ 和"吸管减"按钮 ✐，将人物面部抠取出来，并单击"双向跟踪"按钮 ⇄ 完成跟踪，笔触跟踪区域如图7-42所示（这里同样可以使用限定器工具 ✐ 来完成抠图）。

图7-41

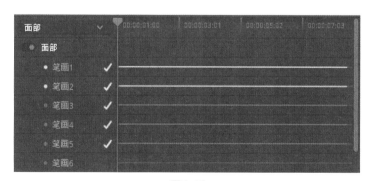

图7-42

3 进入"调色"工作区，选取该视频片段，在"素材库"标签页中找到"美颜"特效，将其拖曳到01调色节点上。

4 在"设置"标签页中，将"操作模式"设置为"自动"，可以设置"程度"和"大小"参数，如图7-43所示，简单拖曳滑块，观察画面，可轻松实现去皱、磨皮等效果。

5 将"操作模式"设置为"高级"，展开面板，其中主要包括"磨皮""纹理恢复""特征恢复"等栏。需要注意的是，这里的参数非常敏感，可以在参数文本框中拖曳调节，或直接进入参数文本框使用方向键调节，注意不要过度磨皮，以防失真。设置"纹理恢复"和"特征恢复"栏的参数可以适当恢复磨皮后的纹理，使皮肤更加真实。如果影响到眼睛、嘴巴等，则需要使用窗口工具进一步抠像排除。

图7-43

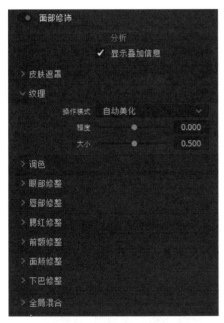

图7-44

6 进行面部修饰。新建一个调色版本（快捷键为Ctrl+Y或Command+Y），在"节点"面板中右击，在弹出的菜单中执行"重置所有调色和节点"命令。在"fx效果"面板的"素材库"标签页中找到"面部修饰"特效，将其拖曳到节点上，使用此特效可以精确地对面部进行美化。进入"设置"标签页，如图7-44所示。单击"分析"按钮，并勾选"显示叠加信息"复选框，可以看到，软件自动识别出了人脸，如图7-45所示。

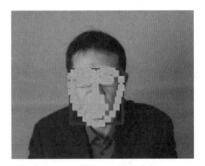

图7-45

在"面部修饰"栏中可以对相关参数进行调整，这里的参数非常丰富，对五官和皮肤等都可以进行细微的调节，注意调整不要过度，以免失真。其中"纹理"栏中的参数与刚才介绍的参数类似。

7.7 实例：制作延时视频

拍摄风景和建筑时，经常会用到延时的拍摄手法，前期拍摄可以使用单反相机等摄影设备，间隔一定时间连续拍摄多张照片，然后在软件中将它们制作成延时视频。也可以用摄影设备直接拍摄延时视频，摄影设备会自动对拍摄的视频进行处理，实现延时效果。下面介绍用延时拍摄的照片合成延时视频的方法。

1 新建一个项目，设置分辨率为"1920×1080HD"、帧率为"25"，并命名为"延时视频"。

2 在"媒体"工作区的"媒体存储"面板的"设置"下拉列表中，选择"帧显示模式>序列"选项，如图7-46所示。找到"日出延时"文件夹，其中的照片会自动以一个序列显示，将其拖曳到"媒体池"面板中，完全可以将其视为一个视频片段来处理。

图7-46

3 在"剪辑"工作区中，将"媒体池"面板中的视频片段拖曳到时间线上，可以调整"检查器"面板中的变换参数，使画面满屏且构图合理。

4 进入"调色"工作区，选取该视频片段，在"fx效果"面板的"设置"标签页中找到"去闪烁"特效，将其拖曳到01调色节点上。由于使用单反相机拍摄的连续照片的曝光并不完全精确、一致，因此组成序列视频后去闪非常重要。可以在"去闪烁设置"下拉列表中选择"延时"选项或"高级控制"选项进行调节，如图7-47所示。

图7-47

5 新增一个串行节点，为其添加"除霾"特效，使画面更加清晰，色彩更加鲜艳，如图7-48所示。

图7-48

6 新增一个串行节点，为其添加"自动除尘"特效。有时画面中有很多飞鸟或小虫飞过，会使画面显得很脏，添加"自动除尘"特效可以消除一些噪点，相关参数设置如图7-49所示。

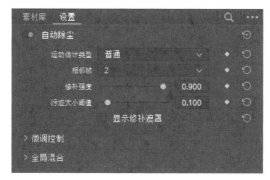

图7-49

7 新增一个串行节点，为其添加"降噪"特效（也可以添加到第一个节点上），根据画面效果调整相关参数，如图7-50所示。也可以使用6.9.6小节介绍的"运动特效"面板进行降噪处理。

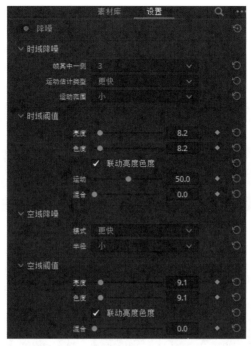

图7-50

因为日出或日落时的光线较暗，设备的感光度较高，所以拍摄的照片中会出现噪点，经过一系列的处理后，噪点较为明显，可以调整时域和空域阈值优化降噪效果，使画面更加柔和细腻。降噪前后的画面对比如图7-51所示。

图7-51

技巧

经过降噪处理后，视频会明显卡顿，影响观看效果，因此可以使用缓存或快捷导出的方式导出视频后观看。降噪效果设置完成后，该节点可以临时关闭（快捷键为Ctrl+D或Command+D），但要记得在导出交付时打开。

---

8 添加一个串行节点，下面在"调色"工作区中制作关键帧动画。展开"关键帧"面板，将播放头移动到视频片段的开始处，单击"调整大小"栏左侧的"自动关键帧"按钮，在"大小－调整输入大小"标签页中随意修改一下

参数再改回，软件会在"关键帧"面板的"调整大小"栏的开始处自动创建一个关键帧。或在面板中直接右击，在弹出的菜单中执行"添加动态关键帧"命令，如图7-52所示。保持"自动关键帧"按钮处于打开状态，将播放头移动到视频片段的最后一帧，"调整大小"栏中的参数设置如图7-53所示，"关键帧"面板如图7-54所示。这样就完成了"调色"工作区中关键帧动画的制作。此时的视频不仅有延时效果，还有镜头移动的效果。

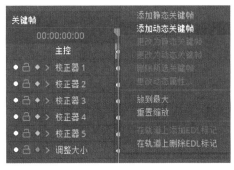

图7-52

图7-53

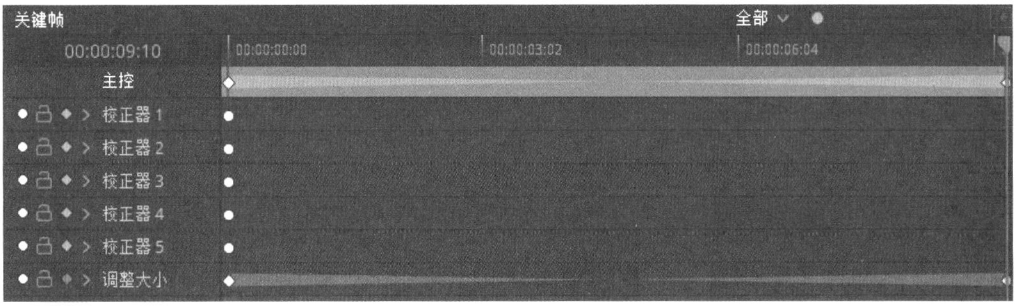

图7-54

7.8 实例：为视频添加遮罩

一般的视频剪辑软件都会带有遮罩工具，DaVinci的遮罩工具在"调色"工作区中，要将其应用到视频片段中并不复杂，下面介绍其使用方法。

1️⃣ 复制第5章制作的动态相册文件，打开后将其另存为"添加遮罩"。

2️⃣ 在"时间线"面板中，将"呼伦贝尔航拍-10"放置到V1轨道，将"呼伦贝尔航拍-3"和"呼伦贝尔航拍-12"分别置到其上方的V2和V3轨道中。

3️⃣ 转到"调色"工作区，展开"时间线"面板，单击V3轨道的"呼伦贝尔航拍-12"视频片段，使用窗口工具，围绕主体图像绘制圆形窗口。此时并没有实现期望的遮罩效果，继续操作。在"节点"面板中右击，在弹出的菜单中执行"添加Alpha输出"命令，然后将节点的蓝色输出与Alpha输出连接起来，如图7-55所示。这时回到"剪辑"工作区，可以看到出现了遮罩效果，如图7-56所示。

4️⃣ 在打开的"大小-调整编辑大小"标签页中可以缩放并调整画面至合适的位置（与在"剪辑"工作区的"检查器"面板中进行参数调整的效果相同），如图7-57所示。也可以继续调整色彩，使色彩风格保持一致。

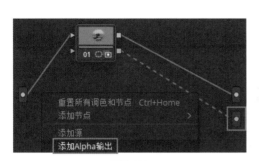

图7-55

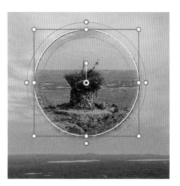

图7-56

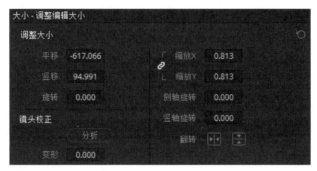

图7-57

5 使用同样的方法调整V2轨道的"呼伦贝尔航拍-3"视频片段，相关操作请读者自行完成，最终效果如图7-58所示。

图7-58

7.9 实例：广播安全设置

在向电视台实际交付影片时，广播安全设置必须满足电视台收片标准的要求，即满足广播安全色彩标准，避免影片在电视上播出时出现问题。

1 DaVinci可以将超出广播安全范围的画面在"检视器"面板中直观地展示出来。先设置广播安全范围，执行"文件>项目设置"命令，弹出"项目设置"对话框，在左侧列表中选择"色彩管理"选项。在右侧的"广播安全"栏的"广播安全IRE电平"下拉列表中有各种电平范围选项，如图7-59所示，电平范围越窄，条件越苛刻。

图7-59

2 勾选"显示广播安全异常"复选框，"检视器"面板中的画面超出指定范围的亮度、色域等会自动标识出来，过亮的区域用蓝色标识，过暗的区域用黄色标识，如图7-60所示。

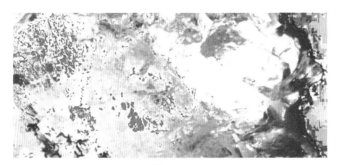

图7-60

3 将示波器调整为广播安全显示状态，单击右上角的"设置"按钮，在弹出的下拉列表中选择"视频级别示波器"选项，如图7-61所示，将波形图纵坐标的显示范围限定在64~940，如图7-62所示，超出这个范围的画面会被裁切掉。

图7-61

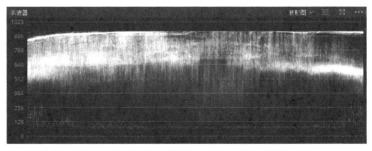

图7-62

数据级别也叫Full级别，从波形图的纵坐标可以看到，10bit为2^{10}，也就是0~1023；视频级别也叫Legal级别，范围为64~940，意思是以64为黑点，以940为白点。

4 通过调整局部的亮度、饱和度等方式将其调整至广播安全范围内。可以在"色轮"面板中的"Log色轮"标签页中调整"高光"和"阴影"参数；也可以调整"曲线"面板"柔化裁切"栏中的"低区"和"高区"参数，如图7-63所示。对于色域超标的部分，可以在"饱和度对饱和度"和"亮度对饱和度"等标签页中进行调整。

5　设置输入端。在"片段属性"对话框中可以查看设置影片的数据级别。在视频片段上右击，在弹出的菜单中
执行"片段属性"命令，在"视频"标签页的"数据级别"栏中有"自动""视频""全部"3个单选项，通常
选择"自动"单选项即可，如图7-64所示。

6　设置输出端。展开"视频"标签页中的"高级设置"栏，可以看到数据级别，通常选择"自动"单选项即可，
如图7-65所示。

图7-63　　　　　　　　　　　　　　图7-64　　　　　　　　　　　　　　图7-65

7.10　实例：HDR调色操作

HDR主要包括"杜比视界"（Dolby Vision）、"HDR10"和"HLG"3种格式。剪辑、调色等基本操作都
是类似的，重点是如何配置好工作环境。近年来，HDR视频逐步流行，从制作播放全流程看，输出端的手机和电
视等推广比较迅速，输入端的拍摄设备也逐步从工业级走向消费级，制作过程端的各类视频编辑软件也已全面适
配。但是要搭建完全符合HDR色彩标准的调色环境，如购置专业HDR监视器等，成本较高，例如满足HDR色域
和曲线的监视器价格就非常贵。本实例重点介绍如何配置软件，以满足不同的HDR制作标准的要求。

1. 一般设置

（1）色彩空间。DaVinci 17在色彩管理上改进得更
加人性化，只需要简单单击即可完成HDR的设置。打开
"项目设置"对话框，进入"色彩管理"界面，在"色彩
科学"下拉列表中选择"DaVinci YRGB Color Managed"
选项，勾选"自动色彩管理"复选框，在"色彩处理模
式"下拉列表中选择"HDR"选项，在"输出色彩空
间"下拉列表中选择"HDR HLG"选项（或"Dolby

图7-66

Vision"中的"HDR PQ"选项），如图7-66所示。这样就配置好了HDR的制作环境。

（2）监看。要监看视频，要先有一台满足HDR标准要求的监视器，可以设置HLG或PQ曲线，在刚才的
色彩空间设置中勾选"HDR母版制作亮度为1000尼特"复选框（该值也可设置得更高），在"项目设置"对
话框左侧的列表中选择"主设置"选项，在右侧的"视频监看"栏中勾选"使用HDMI时启用HDR元数据"
复选框。

（3）调色。在这种环境下进行调色，基本操作都是相同的，特别是DaVinci 17增加了全新的HDR调色工具，操作起来更加得心应手。在调色过程中可以将示波器设置为亮度显示模式，单击"设置"按钮，在弹出的下拉列表中选择"波形图比例样式"下的"HDR（ST.2084/HLG）"选项，如图7-67所示，这样示波器的纵坐标变为0~10000尼特。波形图如图7-68所示。

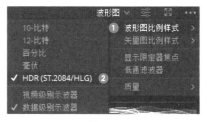

图7-67

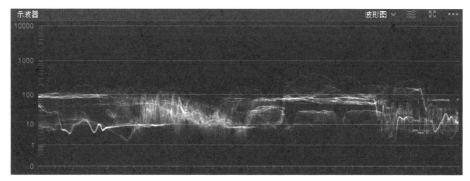

图7-68

在"项目设置"对话框左侧的列表中选择"色彩管理"选项，在右侧勾选"杜比视界"和"HDR10+"复选框，"调色"工作区中会生成两个新的面板用于完成相应标准的调色。

（4）输出。输出时，在交付格式中选择"H.265"母版格式或规定的各类格式。

2. 电视台标准

以某电视台4K技术规范要求为例：分辨率为3840×2160、帧率为50、量化为10bit、色域为BT.2020、曲线HLG标准为1000nit、取样为4：2：2、音频为PCM 24bit 48kHz、封装为MXF OP-1a、编码为XAVC-1 Intra Class 300、码率为500Mbit/s。

项目设置按照规范要求即可，下面重点介绍色彩空间的设置。

在"项目设置"对话框左侧的列表中选择"色彩管理"选项，在右侧的"色彩科学"下拉列表中选择"DaVinci YRGB Color Managed"选项，取消勾选"自动色彩管理"复选框，在"色彩处理模式"下拉列表中选择"HDR DaVinci Wide Gamut Intermediate"选项，保证有较大的色彩空间环境，在"输出色彩空间"下拉列表中选择"Rec.2100 HLG"选项，并勾选"HDR母版制作亮度为1000尼特"选项，如图7-69所示。

图7-69

输出时选择MXF OP1A格式、Sony XAVC编码和Intra CBG 300 3840，色彩空间选择Rec.2020，Gamma标签选择Rec.2100 HLG。

7.11 实例：3D视频的调色操作

虽然3D视频的制作算是一个方向，但在实际制作过程中，由于其输入端的视频拍摄设备并不普及，输出端电视的效果并没有电影那么震撼，所以日常影视的制作中涉及的3D视频制作并不多。本实例简要介绍3D视频的调色流程，供有需要的读者参考。

1 新建一个项目，导入3D媒体素材，通常分为左眼素材和右眼素材。在"媒体池"面板中新建3个媒体夹，分别命名为"合成""右眼""左眼"，如图7-70所示。将左眼和右眼素材分别拖曳到相应的媒体夹中。

图7-70

2 进入"合成"媒体夹，在面板上右击，在弹出的菜单中执行"立体3D同步"命令，在弹出的对话框中分别选择左眼素材、右眼素材和合成对应的媒体夹，单击"同步"按钮，如图7-71所示。如果出现问题，可以勾选"匹配卷名"复选框，先在媒体素材的"元数据"面板中将其修订补充完善。

3 合成完毕后，媒体素材就进入"合成"媒体夹中，成为3D媒体片段，与拖曳其他视频片段的操作相

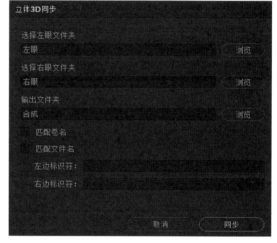

图7-71

同，将3D媒体片段直接拖曳到时间线上。进入"调色"工作区，可以看到调色工作区中的"3D"按钮此时已经激活了。单击可进入"立体3D"面板，如图7-72所示。

图7-72

"眼"栏主要用于对画面进行调整，选择左眼或右眼，使"锚链"按钮保持开启状态，如图7-73所示，使用调色工具进行操作，此时左右眼画面是同步调整的。

图7-73

"视觉"栏主要用来选择3D显示效果，选择"立体3D"为显示立体效果，选择"单眼"为显示单眼画面。"输出"下拉列表如图7-74所示，可以选择常用的"左右并列"或"补色（彩色）"等选项。

使用"窗口"面板时，需要注意窗口的位置在左右眼不同时会发生变化，可以使用"窗口"面板中的"会聚"参数实现同步调整，或使用"平移"参数实现独立调整，如图7-75所示。

图7-74

图7-75

在"立体3D"面板的右下方有3个"色彩匹配"按钮，依次是"调色匹配""曲线匹配""密度匹配"，用它们可以非常简单地将左右眼的色彩统一。3个按钮的效果一个比一个好，但是速度一个比一个慢。

"立体3D"面板中的其他参数都比较容易理解，读者可根据需要使用。

第8章

基础操作：
"Fusion" 工作区基础

08

Fusion 是老牌的特效合成软件，最早开发于1987年，2014年被 Blackmagic Design 公司收购，2018年内置到 DaVinci 15中，其独立版本也始终在同步开发和应用。

Fusion 主要用于合成特效，合成之前需要用专门的特效镜头拍摄并进行 3D 制作，然后通过抠像、绘制、遮罩、粒子、跟踪及编程等工具合成真实的视频效果。Fusion 是节点形式的特效合成软件，其合成方式与 After Effects 等的合成方式是不同的，读者学习时需要特别注意。

8.1 "Fusion" 工作区简介

单击主界面底部的"Fusion"按钮 **7**，将界面尽可能地显示出来，如图8-1所示。

图8-1

DaVinci 17新增了竖版"节点"面板，对于习惯使用Nuke合成软件的用户非常友好。要使用竖版的"节点"面板，可以执行"工作区>布局预设>Fusion预设>Mid Flow或Left Flow"命令进行切换，如图8-2所示。

"媒体池""片段""元数据"面板之前已经介绍过了，这里不再重复介绍。

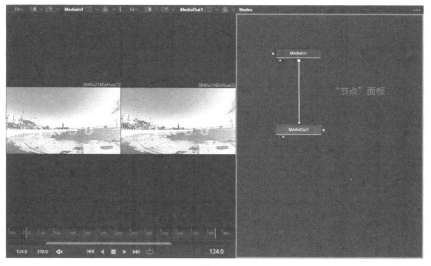

图8-2

8.2 Fusion设置

使用Fusion前，别忘了先在偏好设置对话框中为其设置充足的内存空间，确保工作顺畅。在偏好设置对话框中选择"系统>内存和GPU"选项，将"限制Fusion内存缓存到"调整到最大，如图8-3所示。在主界面的右下角会显示当前的内存缓存限额和已经使用的百分比。

"Fusion"菜单中有以下几个命令："Show Toolbar"（显示工具栏）、"Fusion Settings"（Fusion设置）、"Reset Composition"（重置合成）、"Macro Editor"（宏编辑器）、"Import"（导入）、"Render All Savers"（渲染所有Savers节点），如图8-4所示。

图8-3　　　　　　　　　　　　　　　　　　图8-4

Fusion设置界面如图8-5所示，其中主要包括"3D View""Defaults"（在这里可以设置时间线时间码的显示状态）、"Flow""Frame Format"（帧格式，在这里可以设置分辨率、帧速率、色深等）、"General"（在这里可进行自动保存设置）、"Path Map""Script""Spline Editor""Splines""Timeline""Tweaks""User Interface""View""VR Headsets""Import"等选项。注意，部分设置可能要重新启动DaVinci才能生效。

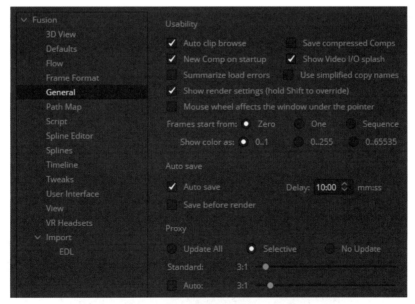

图8-5

8.3 "检视器"面板的功能及操作

"Fusion"工作区的检视器通常显示为两个,从而可以方便地对比Fusion节点的输入和输出结果。选中任意节点后,按数字键1,可以将该节点的内容显示在左侧检视器上;按数字键2,可以将该节点的状态显示在右侧检视器上,如图8-6所示。如果有全屏显示设备,还可以按数字键3进行显示,当然也可以切换成单检视器模式。

图8-6

"Fusion"工作区的"检视器"面板的功能非常丰富,它像一个可视化的操作面板,可以显示2D或3D视图,当选择不同的节点时,其上方会出现相应的可视化操作工具,这些工具在讲解相应功能时再进行介绍。

8.3.1 "检视器"面板控制工具栏

在"检视器"面板的顶部有一个控制工具栏,如图8-7所示,其中各种工具的作用如下。

图8-7

• 显示比例下拉列表 Fit∨:在这里可以选择画面的显示比例,选择"Fit"选项可自动适配。

• 切换划像视图 ■∨:单击该按钮会将检视器切换成AB划像对比状态,直接将节点拖曳到A侧或B侧可显示相应的节点内容。拖曳AB之间的绿色方框可以调整分隔线的位置,直接拖曳绿线可以旋转分隔线,如图8-8所示。

图8-8

- 子视图■✓：单击该按钮可以开启画中画窗口，显示相关的图像信息；在下拉列表中可以选择显示的信息内容，其中包括"Swap"（主视图与子视图交换，快捷键为Shift+V）、"Navigator"（导航）、"Magnifier"（放大器）、"2D Viewer"（2D视图）、"3D Histogram"（3D直方图）、"Color Inspector"（颜色检查器）、"Histogram"（直方图）、"Image Info"（图像信息）、"Metadata"（元数据）、"Vectorscope"（矢量示波器）、"Waveform"（波形示波器）等选项，如图8-9所示。

- **Text1**：节点名称。

- ROI（Region of Interest，兴趣区域）开关■✓：确定兴趣区域后，当前节点的操作只显示在兴趣区域内，如图8-10所示。在"ROI"下拉列表中可以选择"Auto"（自动）、"Lock"（锁定）、"Set"（设置）、"Reset"（重置）等选项。

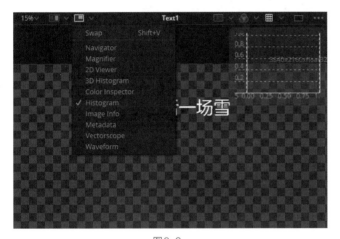

图8-9

图8-10

- Color■✓：单击该按钮后将直接切换彩色通道或Alpha通道，在下拉列表中可以选择显示哪个通道，包括"彩色""红""绿""蓝""Alpha"等通道。

- LUT开关■✓：用于开启或关闭检视器LUT，下拉列表中有所有的LUT。需要注意的是，这里的LUT主要用来将图像正常显示，并不直接作用于视频片段，因为Fusion设置是在调色流程之前，确保图像准确才能更好地完成后期合成。

- 单双检视器开关■：单击该按钮，可以在单检视器和双检视器之间切换。

- 设置···：其下拉列表中有检视器的相关设置选项，读者可根据实际需要选择。

8.3.2 时间线标尺、显示帧数及参数输入

"检视器"面板下方除了有常见的播放控制按钮外，还有一个时间线标尺，时间线标尺的刻度用帧数表示，可以带小数，便于在合成操作时进行精确控制，如图8-11所示。

图8-11

两条黄色线段之间的区域表示的是渲染范围，两边深黑色部分是片段余量。两条黄色线段对应左下角的帧数，可以直接拖曳黄色线段调整渲染范围，也可以修改帧数以调整渲染范围。

红色线段表示的是播放头，对应右下角的帧数，同样可以直接拖曳或修改帧数以调整其位置。

时间线标尺上的白色的短竖线段表示关键帧。

时间线标尺底部的绿色横线表示已经进行缓存的部分，可以实时回放，需要在"播放"菜单中将"Fusion缓存"设置为"自动"或"开启"状态，如图8-12所示。

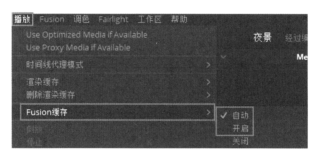

图8-12

时间线标尺底部还有一个滚动条，拖曳两端可以实现时间线标尺的缩放调整，拖曳滑块可以调整浏览区域。

右击"正向播放控制"按钮▶，弹出步进选项菜单，如图8-13所示，选择相应的命令后，播放时会按照所选帧数跳帧播放，方便预览合成效果。右击"反向播放控制"按钮◀的操作与此相同。

右击"循环播放"按钮🔁，弹出选择菜单，其中包括"Loop"（循环播放）和"Ping Pong"（往复播放，即从入点播放至出点，再从出点回放至入点）两个命令，如图8-14所示。

在播放控制栏的其他位置右击，弹出播放质量控制菜单，如图8-15所示，其中包括"High Quality"（高品质）、"Motion Blur"（运动模糊）、"Proxy"（代理）、"Auto Proxy"（自动代理）等命令，用于提高播放质量或提升渲染速度。其中"Motion Blur"命令比较常用，用它可以更真实地表现动画效果。

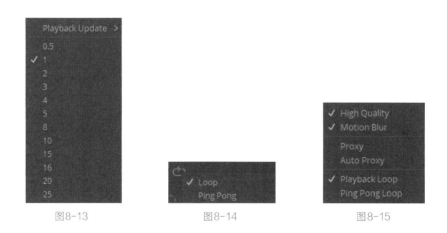

图8-13   图8-14   图8-15

该面板还有很多功能隐藏在右键菜单中，如果想找某个功能，可以先右击，在弹出的菜单中找一下。

"检视器"面板常用的快捷键如表8-1所示。

表8-1　"检视器"面板常用的快捷键

快捷键	效果	快捷键	效果
Space	正向播放	Shift+←	跳到首帧
L	正向播放	Shift+→	跳到尾帧
J	反向播放	Ctrl+←或Command+←	跳到入点
K	停止播放	Ctrl+→或Command+→	跳到出点
→	正向播放一帧	Alt+ [或Option+ [	跳到上一个关键帧
←	反向播放一帧	Alt+] 或Option+]	跳到下一个关键帧

8.4 "节点"面板的功能及操作

这里的节点与之前在"调色"工作区中介绍的节点截然不同，"Fusion"工作区的每一个节点都有特定的功能，它们通过连接线连接成节点树，可实现复杂的合成效果。

▌8.4.1 Fusion节点基础知识

基础节点包括媒体输入和输出节点等，如图8-16所示。每个节点包括一个蓝色三角形入点和一个白色正方形出点，当鼠标指针在节点的连接点、节点自身或连接线上悬停时，会出现详细的提示信息。节点上有红框表示节点处于选中状态。节点左下方的两个小圆点（当有全屏输出时会变成3个）表示画面输出到哪个检视器上。可以单击节点左侧的小

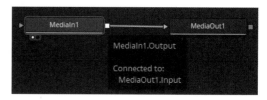

图8-16

圆点，可以按数字键，也可以直接拖曳节点到检视器上，还可以在节点的右键菜单中执行"View On>LeftView或RightView"命令选择输出的检视器。

节点名称可以修改，在节点上右击，在弹出的菜单中执行"Rename"命令即可，快捷键为F2。

添加节点的方法有很多：可以直接单击工具栏上的节点按钮或将其拖曳到"节点"面板上；可以在"效果"面板中单击或拖曳节点；可以按快捷键Shift+Space，打开"Select Tool"对话框，直接输入节点名称，然后在节点上双击，如图8-17所示；可以在"节点"面板上右击，在弹出的菜单中执行"Add Tool"命令，再选择需要的节点。

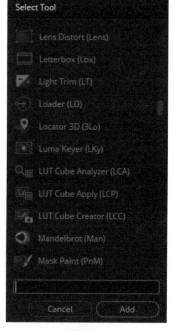

图8-17

> **技巧**
>
> 可以直接将节点拖曳至连接线上，当连接线变为一半黄色一半蓝色时松开鼠标，这样就直接添加并自动连接节点。
>
> 当节点处于选中状态时，单击添加新节点，新节点会自动与选择的节点合成输出。
>
> 当把新节点拖曳到某个节点的上方时，可以替换该节点。

■ 8.4.2 "节点"面板基础知识

按住鼠标中键并拖曳可以调整"节点"面板的位置，按住Ctrl或Command键滚动鼠标中键可以放大或缩小"节点"面板。当节点超出显示区域时，会在右上角出现导览窗口，如图8-18所示，白色框线表示"节点"面板中显示的节点。可以直接在导览窗口上拖曳，也可以拖曳导览窗口的左下角调整其大小。

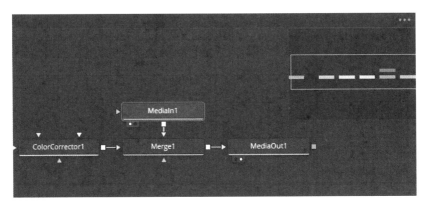

图8-18

在"节点"面板上右击，在弹出的菜单中执行"Arrange Tools"（排列工具）命令，可以方便地整理节点。当选择某个节点时，底部状态栏中会显示该节点的状态信息。

若干个节点共同完成某一特定合成后，可以将它们组成组，这样会节省空间，操作起来逻辑更加清晰。直接在"节点"面板上拖曳选中节点并右击，在弹出的菜单中执行"Group"命令（快捷键为Ctrl+G或Command+G），选中的节点会变成成组节点，如图8-19所示。如果想继续编辑，则可以双击成组节点，将其展开。要重命名成组节点，可以右击该成组节点，在弹出的菜单中执行"Rename"命令（快捷键为F2）。

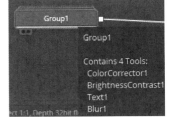

图8-19

8.5 工具栏中的节点的功能及操作

工作区的工具栏中包含常用的Fusion节点，如图8-20所示，在此可以方便地单击或拖曳使用。DaVinci 17的工具栏可自定义。

图8-20

右击工具栏上的任意位置，在弹出的菜单中执行"Customize>Create Toolbar"命令，然后为自定义工具栏起个名字。再次在工具栏上右击，在弹出的菜单中可以添加分割线、删除节点、删除组，可以创建多个自定义工具栏或者重命名工具栏，还可以删除自定义工具栏，如图8-21所示。

下面重点介绍工具栏中的一些常用节点，具体的使用方法后续会结合实例进行讲解。

图8-21

8.5.1 "Background"节点

顾名思义，"Background"节点■可以用来添加背景，背景可以是纯色、渐变色或是透明的。该节点还可以用来制作合成物料，其设置比较简单，如图8-22所示。

"Color"标签页主要用来设置背景颜色，"Type"下拉列表用来选择使用纯色还是渐变色等，底部的"Alpha"参数用来设置透明度。

"Image"标签页用于控制分辨率，取消勾选"Auto Resolution"复选框即可自定义宽度与高度，如图8-23所示。

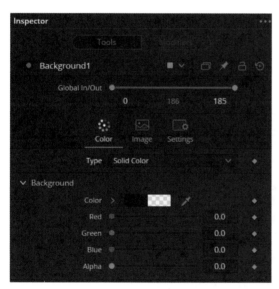

图8-22

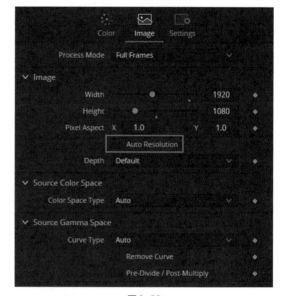

图8-23

8.5.2 "FastNoise"节点

"FastNoise"节点■用来生成类似烟雾的噪波效果，如图8-24所示，这是制作简单的烟雾、火焰等效果的基础。

该节点的主要设置如图8-25所示。

- "Noise"标签页用于设置生成的噪波效果，勾选底部的"Discontinuous"复选框可以产生更强烈的效果。
- "Color"标签页用于设置生成的噪波的颜色，有双色和渐变色两种选择。

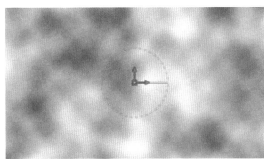

图8-24

图8-25

■ 8.5.3 "Text"节点

"Text"节点 **T** 专门用来制作文字效果,其功能极其强大,几乎所有与文字相关的效果都可以用该节点完成(3D文字的效果需要使用3D Text节点来完成)。具体的使用方法会在实例中介绍,这里只介绍基本设置方法。

"Text"标签页用于设置Font(字体)、Color(颜色)、Size(大小)等,这些参数都可以用来设置关键帧动画,如图8-26所示。

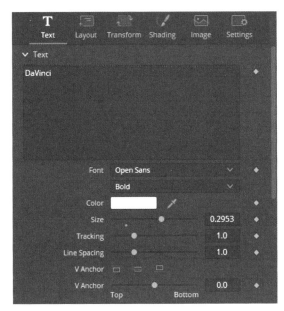

图8-26

"Layout"标签页如图8-27所示,它常被用来设置文字的动画效果,其中的"Type"参数使用较多,可以将其设置成"Path",然后直接在"检视器"面板中绘制文字路径,如图8-28所示。

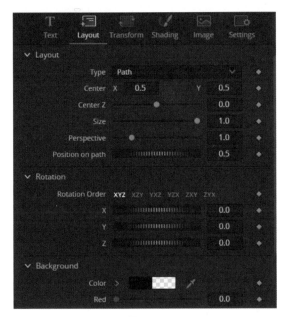

图8-27

图8-28

"Transform"标签页如图8-29所示，"Transform"下拉列表用于选择是对每个字母单独进行变换还是对整体进行变换，效果如图8-30所示。

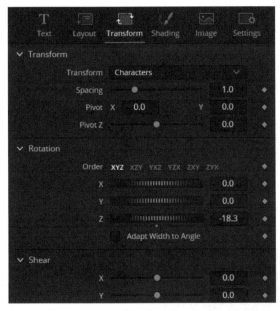

图8-29

图8-30

"Shading"标签页如图8-31所示，它常被用来制作描边、阴影、背景等各种效果。例如，在"Select Element"下拉列表中选择"2*"选项，勾选旁边的"Enabled"复选框，即可实现描边效果，如图8-32所示。前几个数字都是预设好的效果，读者可以直接使用，也可以使用新的数字自定义效果。

最后两个标签页是通用的，这里不再详述。

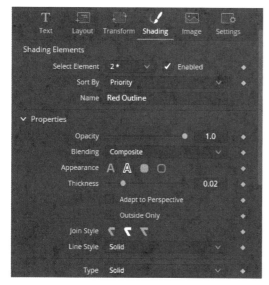

图8-31

图8-32

8.5.4 "Paint" 节点

"Paint" 节点通常用来修复画面、清理墙面、移除钢丝等，该节点同样非常常用，而且它的功能也非常强大。"Paint" 节点可以连接到 "Media" 节点或 "Background" 节点上使用。选择 "Paint" 节点后，"检查器" 面板中的参数如图8-33所示。

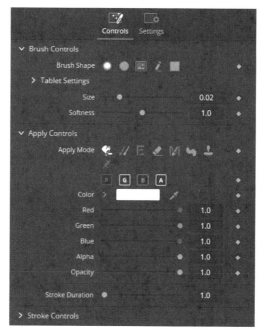

图8-33

• "Brush Controls" 栏用来设置笔刷类型、大小和强度。

•"Apply Controls"栏的 Apply Mode 从左到右依次为：颜色、克隆、浮雕、橡皮擦、混合、涂抹、印章和钢丝移除。

"Paint"节点要配合"检视器"面板顶部的工具栏使用，工具栏中的按钮从左至右依次为"选择""复合笔触""克隆笔触""单笔触""贝塞尔笔触""圆形""方形""自定义形状""自定义椭圆""自定义矩形""填充""成组"，如图8-34所示。

图8-34

绘制完成的笔触可以在"检查器"面板的"Modifiers"标签页中找到，如图8-35所示，双击笔触名称可以将其展开并进行设置。

下面对个别常用工具进行简要的使用说明。

• 复合笔触（Multistroke）：类似常用的画笔工具，单击该按钮后可以任意绘制，在"Modifiers"标签页中只显示一个笔触（再次单击该按钮会新建一个笔触）。

图8-35

• 单笔触（Stroke）：只需要在"检视器"面板上单击该按钮就会生成一个笔触。

• 克隆笔触（CloneMultistroke）：在"检视器"面板上会显示中心有一个红叉的圆圈，使用时需要按住Alt或Option键单击进行采样（红叉在采样位置），然后在新位置进行绘制。

• 贝塞尔笔触（PolylineStroke）：可以精确地进行控制，使用其绘制完的形状仍然是笔触，而不是多边形。

• 圆形、方形不多介绍。使用3个自定义形状工具时先进行绘制，然后在"Apply Controls"栏中选择填充、克隆（拖曳即可看出效果）、浮雕等各种效果。

• 填充（Fill）：可以为形状填充颜色。

• 成组（PaintGroup）：可以将笔触编制成组。

8.5.5 "Tracker"节点

"Tracker"节点在合成中应用得非常广泛，例如替换画框或电视中的图像、修复墙上涂鸦、跟踪文字标注等。跟踪可根据画面分为点跟踪、面跟踪、摄像机跟踪等。

图8-36

跟踪要先有跟踪目标，可以将"Tracker"节点拖曳并连接到"MediaIn"节点上，如图8-36所示。此时在"检视器"面板上会出现一个跟踪器，如图8-37所示，外部虚线框表示跟踪范围，内部实线框是运动特征框，其左上角是控制手柄，边框大小都可以拖曳修改。跟踪时要把中心点拖曳到对比反差比较强烈的地方。

图8-37

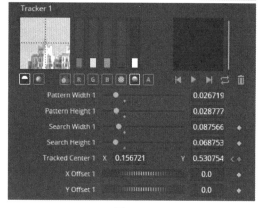

图8-38

"检查器"面板上部是"跟踪控制"按钮和最佳帧的计算方式，中部是跟踪器列表，下部是跟踪点的识别控制区域，如图8-38所示。

进行正向或反向跟踪后，会在时间线标尺上生成用白色竖线表示的关键帧，如图8-39所示。使用跟踪时可以把MediaIn或Text节点作为前景连接，如图8-40所示。

图8-39

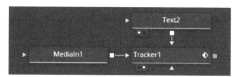

图8-40

在"Tracker"节点的"Operation"标签页的"Operation"下拉列表中选择"Match Move"选项，在"Merge"下拉列表中选择"FG over BG"选项，如图8-41所示，此时文字会出现在跟踪画面上。也可以根据需要选择Apply Mode合成模式。

回到"Trackers"标签页，修改最底部的X和Y偏移量，如图8-42所示，可以调整文字的位置而不影响跟踪结果，效果如图8-43所示。

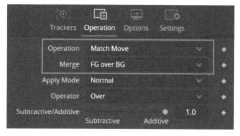

图8-41

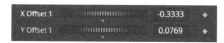

图8-42

"Tracker"节点可以将其跟踪信息发布出来，供其他节点直接使用，使用"Tracker"节点具体的方法非常多，会在实例部分详细介绍。

图8-43

■ 8.5.6 "Color Corrector"节点

创建"Color Corrector"节点后，"检查器"面板如图8-44所示。可以看到"Correction"标签页跟之前学习的色轮标签页是相似的，可以调整Hue（色相）、Saturation（饱和度）、Contrast（对比度）等。该节点在合成画面时经常使用。

在"Range"下拉列表中可以选择"Master""Shadows""Midtones""Highlights"等选项。

"Menu"下拉列表中除色轮外还有以下选项。

• Levels（色阶）：与常见色阶图的操作方法类似，可以在"Channel"下拉列表中设置通道，如图8-45所示。

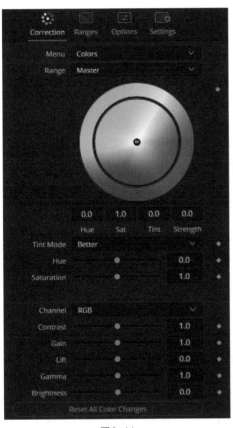

图8-44

图8-45

• Histogram（直方图）：这里最常用的是图像匹配，在"Histogram Type"下拉列表中选择"Match"选项，如图8-46所示，节点连接图如图8-47所示。"Color Corrector"节点的绿色连接点连接的媒体图像作为匹配参考，把黄色连接点连接的媒体图像与之相匹配。

• Suppress（色彩控制器）：与DaVinci 17调色工具中的"色彩扭曲"面板相似，可以方便地调整色相和饱和度，也可应用于绿幕抠像等操作，如图8-48所示。

"Ranges"标签页如图8-49所示，在这里可以非常直观地看到阴影、中间调和高光的影响范围，并且可以通过控制手柄进行调整。在"Range"下拉列表中选择影响范围后，可以在"检视器"面板中以灰度图的形式直观地显示出来。

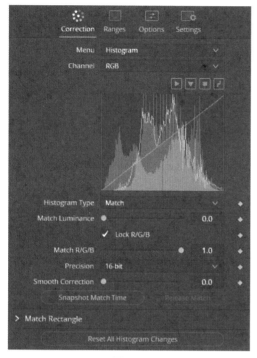

图8-46

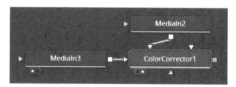

图8-47

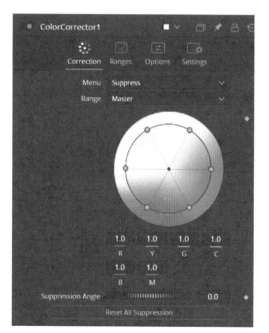

图8-48

图8-49

8.5.7 "Blur" 节点

"Blur" 节点 是模糊与锐化类的节点。"Blur" 节点通常用来产生模糊效果,可以使画面效果更加真实、自然。该节点的"检查器"面板如图8-50所示，"Filter"下拉列表用于选择模糊方式，"Blur Size"滑动条用于设置模糊大小。

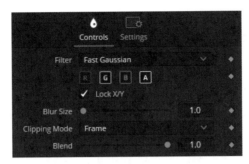

图8-50

8.5.8 "Merge"节点

"Merge"节点使用得非常频繁，主要用来将两个画面按前景和背景的方式融合到一个画面中。基础的连接方式如图8-51所示，背景画面连接到黄色连接点，前景画面连接到绿色连接点。"检查器"面板如图8-52所示。

面板上部的参数可以用来调整前景画面的位置、大小、角度和翻转等，可以在"检视器"面板中直接进行可视化操作。

面板中间的"Apply Mode"等参数可以用来设置融合模式。

"Blend"滑动条常用来设置融合透明度。

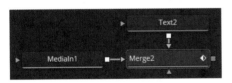

图8-51

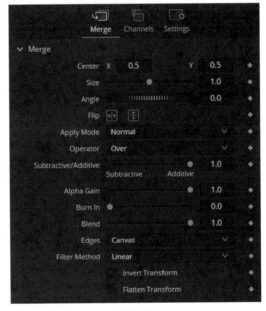

图8-52

"Edges"参数常用来设置当画面缩小后以何种方式将剩余画面铺满。默认是"Canvas"选项，表示保持画布大小不填充；"Wrap"选项用于拼接画面；"Duplicate"选项用于将画面边缘拉伸；"Mirror"选项用于实现画面镜像拼接效果，类似万花筒效果。

8.5.9 "Transform"节点

"Transform"节点主要用于画面的移动、缩放、旋转调整，同样可以在画面缩小后用于进行拼接等操作，节点的连接方式如图8-53所示，参数设置如图8-54所示，效果如图8-55所示，这里不再详述。

图8-53

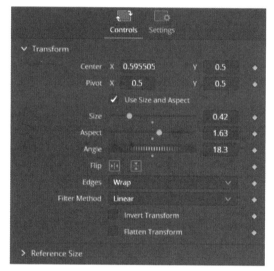

图8-54

图8-55

8.5.10 "Matte Control" 节点

"Matte Control" 节点■通常在绿幕抠像等操作中使用较多，如图8-56所示。

图8-56

黄色三角形代表背景输入端，绿色三角形代表前景输入端，蓝色三角形代表遮罩输入端，灰色正方形代表合成输出端。这几个输入端、输出端与其他常用节点的输入端、输出端都是类似的。该节点自身还有灰色三角形输入端Garbage Matte，顾名思义就是可以将蒙版中不需要的地方用遮罩圈起来抠掉；白色三角形输入端Solid Matte，其作用与Garbage Matte相反，其圈选的地方是保留的。

"检查器"面板中的"Matte"标签页主要用来调整蒙版效果，如图8-57所示。"Spill"标签页主要用来调整抠像边缘，如图8-58所示。

该节点的具体使用方法后续会结合实例进行讲解。

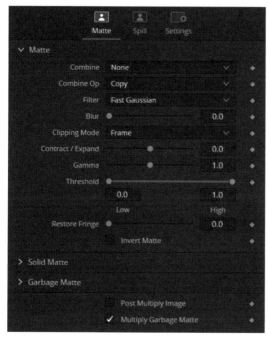

图 8-57

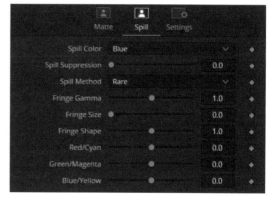

图 8-58

8.5.11　“Rectangle”节点

“Rectangle”节点■是遮罩类节点的一个代表，遮罩类节点在合成中的应用非常广泛。该节点主要连接到其他节点的蓝色三角形输入端，用来对画面进行部分遮挡或使其部分显示，在“检视器”面板的 Alpha 通道中显示为黑色的区域是透明的，白色区域是不透明的。

“检查器”面板的参数如图 8-59 所示。

• “Show View Controls”复选框用于设置是否在“检视器”面板中显示可视化编辑。

• “Level”滑动条用于调整显示部分的不透明度。

• “Filter”下拉列表用于选择边缘柔化的计算方式，与“Blur”节点的几种计算方式相同。

• “Soft Edge”滑动条用于调整边缘羽化的大小。

• “Border Width”滑动条用于调整边线宽度。

• “Invert”复选框用于设置反向选择。

• “Solid”复选框用于设置是线框还是内部填充，取消勾选该复选框则只剩下线框，可以通过“Border Width”滑动条调整线框宽度。

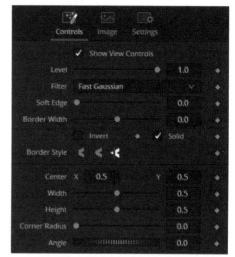

图 8-59

• “Border Style”参数用于设置四角是方角、圆角还是直角。

• “Center”参数用于设置中心点位置，也可以在“检视器”面板中拖曳调整，通常在这里制作动画。

• “Width”“Height”参数用于设置线框的宽度和高度，也可以在“检视器”面板中直接拖曳调整。

- "Corner Radius" 滑动条用于设置四角圆度。
- "Angle" 旋钮用于调整旋转角度，也可以在"检视器"面板中直接拖曳调整。

其他形状的遮罩的操作与此类似。另外还有一点需要特别介绍，遮罩可以叠加，可以将不同形状的遮罩通过蓝色输入端连接在一起，如图8-60所示，被连接的节点的"检查器"面板中会出现叠加计算模式下拉列表"Paint Mode"，如图8-61所示，其中的选项如图8-62所示，选择这些选项，可以进行加、减、反转等操作，非常方便。

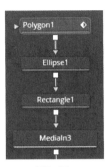

图8-60

图8-61

图8-62

▌8.5.12 "pEmitter" 节点

"pEmitter"（粒子发射）节点需要和"pRender"（粒子渲染）节点配合使用，可以输出到2D或3D场景中。为了便于控制，通常会在后面再连接一个"Merge3D"（合并）节点。输出到3D场景中时，调整完成后，通过"Renderer3D"节点可以一并渲染输出，如图8-63所示。

图8-63

"pEmitter"节点理解起来并不复杂，要有发射器将粒子发射出来，也就是要生成粒子。粒子的形状可以是预设的规则形状，也可以是贴图。要给粒子划定范围，可以指定形状，也可以赋予图形。还要给粒子赋予生命周期，让粒子随着时间成长和消亡。因此，设置粒子的效果时不能只停留在第一帧处观察。知道这些基本知识就可以理解"pEmitter"节点了。

"pEmitter"节点的"检查器"面板的设置如图8-64所示。"Controls"标签页中是"pEmitter"节点的基本参数，"Sets"标签页用于设置ID号，"Style"标签页用于设置粒子类型，"Region"标签页用于设置粒子范围，"Settings"标签页与其他节点的"Settings"标签页类似。该面板上的参数比较多，通常不同类型粒子的参数设置有一定的规律。例如，下雨、下雪等设置向下发射的参数，火焰、喷泉等设置向上喷发的参数，还有粒子图案填充等，只要经常学习总结，设置起来并不复杂。

1. "Controls" 标签页

- "Random Seed" 滑动条用于改变粒子发射的随机状态和粒子的整体形态。
- "Number" 滑动条用于设置发射的粒子数量。

- "Number Variance"滑动条用于在Number的基础上加一个偏差值，面板中几乎每一个量参数都带一个方差参数，这样可以大大增强随机性，从而获得逼真的效果。后续带Variance的参数的作用都差不多，不再详述。

- "Lifespan"滑动条用于设置粒子的生命周期，也就是粒子多长时间消亡，还可以控制动态粒子的整体密度。

- "Color"下拉列表中的"Use Style Color"选项指的是使用"Style"标签页中粒子的颜色。

- "Position Variance"滑动条用于增加粒子范围的偏差值（部分粒子可偏差到范围之外）。

- Temporal Distribution时间分布下拉列表可以选择all at same time（全部同时）、Randomly distributed（随机分布）和Equally distributed（平均分布）。

还有Velocity（速度）、Rotation（角度）、Spin（自旋）等参数，读者可以根据需要设置。

2. "Style"标签页

"Style"标签页如图8-65所示。

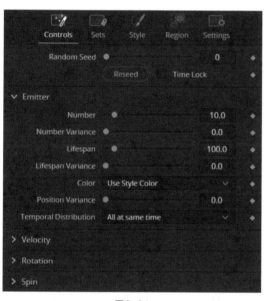

图8-64

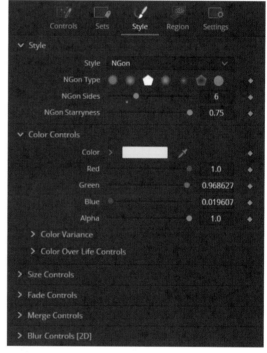

图8-65

"Style"下拉列表用于选择粒子类型，包括Point（点）、Bitmap（位图）、Blob（团）、Brush（笔刷）、Line（线）、NGon（多边形）、Point Cluster（点簇）。当选择不同类型时，面板参数会动态调整。例如，当选择NGon时，会出现NGon Type用来选择多边形预设类型、NGon Sides用来控制多边形角的数量、NGon Starryness用来控制多边形的边向内还是向外。

"Style"标签页还有Color Controls（颜色控制）、Size Controls（大小控制）、Fade Controls（衰退控制）、Merge Controls（融合控制）、Blur Controls（模糊控制）等参数。

3. "Region"标签页

"Region"标签页主要用来设置粒子散布范围，在"Region"下拉列表中可以选择散布区域的形状，包括All（全部）、Bezier（贝兹曲线）、Bitmap（位图）、Cube（立体）、Line（线）、Mesh（网格）、Rectangle（矩

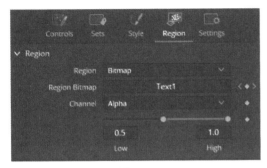

图8-66

形）、Sphere（球体），不同选项的参数会有相应变化。以Bitmap为例，使用"Text1"节点生成文字，将该节点直接拖入"Region Bitmap"文本框中，如图8-66所示，粒子即可分布到文字上，效果如图8-67所示。

图8-67

8.5.13 "Shape 3D"节点

将"Shape 3D"节点拖曳到"节点"面板中，"检视器"面板中此时会变为3D视图。在"检查器"面板的"Shape"下拉列表中选择"Cube"选项，在"检视器"面板中的画面上右击，在弹出的菜单中执行"3D Options>Lighting"命令，更能表现3D效果，如图8-68所示。

下面介绍3D视图的操作，如表8-2所示。

表8-2　3D视图的操作

内容	操作
平移	按住鼠标中键拖曳
缩放	按住Ctrl或Command键滚动鼠标中键
	按住鼠标左键和鼠标中键左右拖曳
旋转	按住Alt或Option键用鼠标中键拖曳
居中	Shift+F（全部最大化居中）
	F键（选择物体最大化居中）
	D键（只将选择物体居中）

右击右下角的"Perspective"选项，在弹出菜单中可以切换Front（前）、Top（顶）、Left（左）、Right（右）等视图，如图8-69所示。如果有摄像机或灯光，则还可以切换其为观察视图。

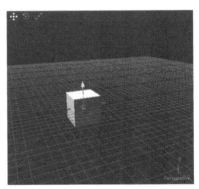
图8-68

图8-69

技巧
当切换为Camera3D视图时，所有对视图的平移、旋转、缩放等操作都是对摄像机本身的操作

移动3D视图中的物体需要使用左上角的3个按钮，分别为"位置"（快捷键为Q）、"角度"（快捷

键为W）和"比例"（快捷键为E），单击相应的按钮，物体中心的坐标会发生相应的改变，直接在红色、绿色、蓝色坐标轴上拖曳进行调整，或在视图上按住Alt或Option键直接拖曳进行调整。

以上对物体进行的调整操作，同样可以在3D物体的"检查器"面板的"Transform"标签页中进行，如图8-70所示。当勾选"Lock X/Y/Z"复选框时，在"检视器"面板中拖曳红色坐标轴，其他两个坐标轴会同步变化。勾选底部的"Use Target"复选框，单击"Pick"按钮拾取目标，可以调整灯光、摄像机的观察视图。

回过头来再看"Shape 3D"节点的其他参数。"Controls"标签页如图8-71所示，在"Shape"下拉列表中可以选择3D图形。

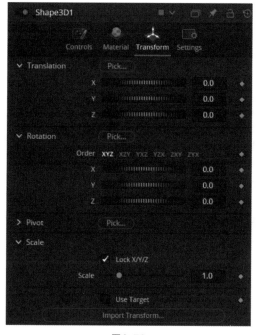

图8-70

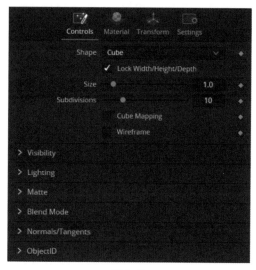

图8-71

在"Material"标签页中可以设置形状的颜色等。通常可以直接在节点上连接贴图，节点的绿色三角形输入端即材质输入端。例如，将媒体贴图应用到球体上，节点的连接如图8-72所示，效果如图8-73所示。

图8-72

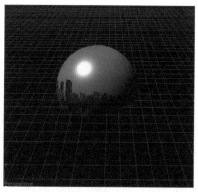

图8-73

■ 8.5.14 其他常用的3D节点

1. "Text 3D"节点

"Text 3D"节点 ![T] 用来制作3D文字。结合之前介绍过的"Text"节点，理解"Text 3D"节点并不难，其主要是新增了"Extrusion"（挤出和倒角）栏，如图8-74所示。只需要简单地对"Extrusion Depth"（挤压深度）、"Bevel Depth"（倒角深度）和"Bevel Width"（倒角宽度）等参数进行调整，即可制作出3D文字，效果如图8-75所示。

2. "Camera 3D"节点

"Camera 3D"节点 ![图标] 通过虚拟摄像机镜头视角来显示3D场景中画面。使用时需要将其连接到"Merge 3D"节点上，才能作用到该3D场景中。

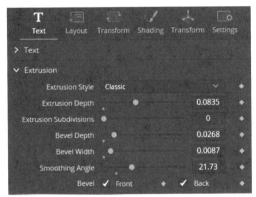

图8-74   图8-75

3. "Spot Light"节点

"Spot Light"节点 ![图标] 是灯光节点的一种，用来为3D场景布光。使用时需要将其连接到"Merge 3D"节点上，才能作用到该3D场景中。

4. "Merge 3D"节点

"Merge 3D"节点 ![图标] 与之前介绍的"Merge"节点不同，该节点只能连接3D节点，而且并不分前景、背景，3D物体、摄像机、灯光等都可以连接。

5. "Renderer 3D"节点

所有3D场景必须通过"Renderer 3D"节点 ![图标] 才能渲染输出成2D画面，并且需要与2D节点连接。

常用的3D节点的连接图如图8-76所示，具体的应用方法将在后续的实例中一并进行讲解。

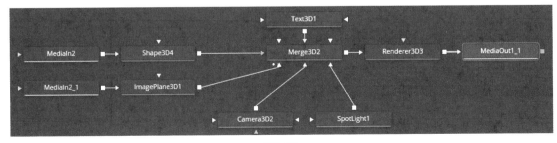

图8-76

8.6 "效果"面板简介

在界面工具栏中单击"效果" 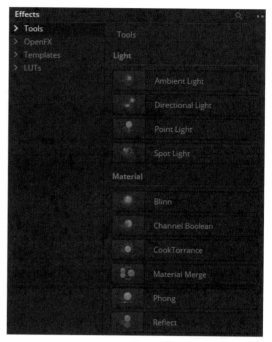按钮，展开的面板如图8-77所示，左侧是几个效果大类，右侧是展开的工具按钮。

效果大类包括"Tools"（工具）、"OpenFX"（插件）、"Templates"（模板）、"LUTs"。

单击效果大类左侧的下拉按钮，展开子类。

"Tools"大类中包括3D、Blur（模糊）、Color（颜色）、Composite（合成）、Deep Pixel（深度像素）、Effect（效果）、Film（胶片）、Filter（滤镜）、Flow（流程）、Generator（生成器）、I/O（输入/输出）、LUT（查找表）、Mask（遮罩）、Matte（蒙版）、Metadata（元数据）、Miscellaneous（杂项）、Optical Flow（光流）、Paint（画笔）、Particles（粒子）、Position（位置）、Shape（形状）、Stereo（立体）、Tracking（跟踪）、Transform（变换）、VR（虚拟现实）、Warp（扭曲）等子类。

图8-77

"OpenFX"类型的效果在介绍"剪辑"工作区的"效果"标签页的"滤镜>Resolve FX"时介绍过，这里不再重复。

"Templates"大类中是已经制作好的节点组合，可以实现特定效果，非常方便，也可以选取类似的模板修改使用，还可以将其拖曳到"节点"面板中展开学习。该类中主要包括Edit页面模板及Fusion页面模板。Fusion页面模板包括Backgrounds（背景）、Generators（生成器）、How to、Lens flares（镜头光斑）、Looks（外观）、Motion graphics（动态图像）、Particles（粒子）、Shaders（着色器）、Styled text（风格化文本）、Tools（工具）等子类。

"LUTs"与"调色"工作区的LUTs集相同，这里不再重复介绍。

8.7 使用"检查器"面板修改工具节点参数

"Fusion"工作区的"检查器"面板是主要的设置节点参数的地方，其功能非常丰富，读者在学习过程中可以多尝试。其实Fusion很多特效的合成操作都差不多，只需要尽量使用优化后的性能即可。

8.7.1 "检查器"面板

单击工具栏中的"检查器"按钮 ，进入"检查器"面板，如图8-78所示。

"检查器"面板通常包括"Tools"（工具）和"Modifiers"（修改器）两个标签页。节点的相关参数在"Tools"标签页中进行调整。为参数添加某个修改器后，需要在"Modifiers"标签页中进行进一步调整。

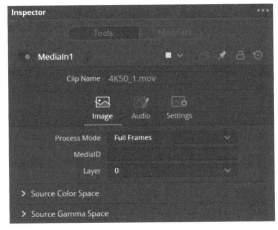

图8-78

8.7.2 面板工具栏

双击"检查器"面板的空白处可以将面板展开，工具栏中的按钮如图8-79所示，从左至右介绍如下。

图8-79

- 节点开关 ● Text1：快捷键为Ctrl（Command）+P，可以开启或关闭该节点效果。
- 颜色设置 ■ ∨：通过下拉列表修改节点颜色。
- 版本管理 ▢：单击该按钮后，在其下方选择版本号 Version 1 2 3 4 5 6 。
- 固定开关 📌：打开该开关后，即使选择其他节点，本节点的参数仍然显示在"检查器"面板上，便于拖曳修改参数。关闭后，当选择其他节点时，本节点的参数不再显示。
- 锁定开关 🔒：快捷键为Ctrl（Command）+L，打开该开关后，参数面板锁定无法修改，从而防止误操作或参数被其他操作人员改动。
- 全部重置 ↺：单击该按钮后，面板的参数全部重置，要重置单个参数只需要在参数名称上双击即可。

8.7.3 面板标签页

当某个节点的参数有很多时，会分成不同的标签页显示，如图8-80所示。不同工具的标签页也不同，通常最后一个都是"Settings"（设置）标签页。

图8-80

8.8 使用"关键帧"面板调整合成动画

"关键帧"面板如图8-81所示，其中有一个比较简洁的时间线。

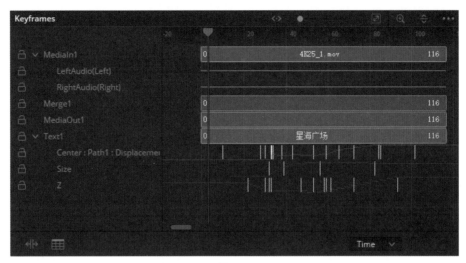

图8-81

顶部滑动条和按钮从左至右介绍如下。

• 水平缩放滑动条：可以在水平方向上缩放时间线，在时间线标尺上（注意不是播放头上）左右拖曳可以实现同样的效果。

• 缩放到适合▣：单击该按钮可以将时间线内容最大化。

• 区域放大▣：单击该按钮后，在时间线上拖曳选择一个区域即可将该区域放大。

• 过滤器▤：单击该按钮，可以设置"关键帧"面板参数的显示顺序。

• 设置▪▪▪：单击该按钮，可以设置"关键帧"面板的相关参数。

"关键帧"面板主要用于对关键帧进行调整。面板左侧是各节点的名称及设置关键帧的参数的名称，关键帧在时间线上仍然以白色竖线的形式显示，这里有以下几个基本操作。

• 在面板左侧或时间线对应的轨道上单击，也可以在节点上单击，保持轨道处于选中状态，这样拖曳关键帧时，该轨道上的关键帧会同时被拖曳。

• 取消轨道的选中状态，当将鼠标指针放置到某个关键帧上方时，该关键帧变为绿色，单击后会变为黄色，可以直接在该轨道上左右拖曳，调整其位置。

• 可以框选需要的几个关键帧同时进行调整，不在同一个轨道的关键帧同样可以框选。

• 按住Ctrl或Command键单击需要的关键帧可以进行多选。

• 添加关键帧时，先将播放头移动至相应的位置，单击参数右侧的菱形关键帧按钮；或直接在"关键帧"面板的参数名称上右击，在弹出的菜单中执行"Set Key"命令；或按快捷键Alt+K（或Option+K）或Ctrl+K（或Command+K）；或在参数轨道相应的时间线位置右击，在弹出的菜单中执行"Set Key"命令。

• 删除关键帧，可以直接在"检查器"面板中取消该点关键帧，也可以在"关键帧"面板中框选关键帧后按Delete或BackSpace键。

• 选择多个关键帧后，可以单击左下角的"拉伸"按钮▦，保持各关键帧之间的距离成比例增大或缩小。右下角为时间线帧数，可以显示所选的关键帧的时间线帧数。

8.9 使用"样条线"面板调整合成动画

"样条线"面板如图8-82所示，该面板不仅能用来调整关键帧的位置、数值，还能用来处理关键帧动画的平滑效果。

顶部滑动条和工具按钮的作用与"关键帧"面板顶部的滑动条和工具按钮的作用类似，同样是用于调整时间线视图的显示效果。

面板左侧是设置了关键帧的参数的名称，对应不同的提示颜色。

面板右侧带有简易的时间线，水平方向是时间线帧数，垂直方向是参数值。在面板左侧单击不同的参数名称，显示的参数值也不同。

样条线上的锁形图标和小方形图标都表示关键帧。锁形关键帧（由"检查器"面板创建的参数关键帧）只可以左右移动，以调整时间线位置；小方形关键帧（右击"样条线"面板创建）还可以上下移动，以调整参数值。单击关键帧会出现控制手柄，用于调整样条线的平滑程度。可以在关键帧上右击，在弹出的菜单中执行"Smooth"（平滑，快捷键为Shift+S）或"Linear"（线性，快捷键为Shift+L）命令来快速调整样条线。

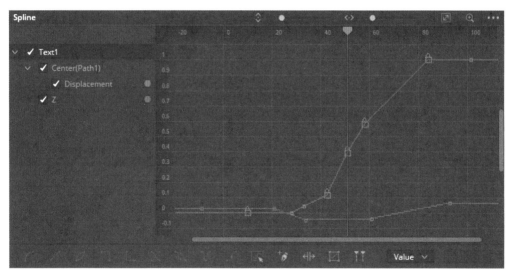

图8-82

添加关键帧的方法有很多：可以直接将播放头调整至需要的位置，或者右击关键帧，在弹出的菜单中执行"Set Key"（快捷键为Ctrl+K或Command+K）命令，或者直接在样条线上相应的位置单击。

要删除关键帧，可以直接选择关键帧后删除。

"样条线"面板的左下角是样条线调整按钮，前两个分别是"平滑"和"线性"按钮，操作时先选择关键帧，再单击"平滑"或"线性"按钮。

面板右下角显示的是播放头或所选的关键帧所在位置的时间线帧数及其自身的参数值。

第9章

实战进阶：
制作合成特效实例

09

本章使用Fusion制作一些常用的基础合成特效实例，包括动态标题、绿幕抠图、遮罩替换、点面跟踪、污点修复、3D场景文字、粒子效果等，带领读者体验Fusion的强大魅力。当然，Fusion所能完成的远不只这些，要充分掌握Fusion的功能，需要读者进一步深入地挖掘，更需要读者发挥丰富的想象力。

9.1 实例：动态标题文字效果

在"剪辑"工作区，使用"效果"标签页"标题"下的"文本"选项来添加标题文字，效果比较单一。本实例使用"Fusion"工作区的"Text"节点实现更丰富的文字效果。

1 新建一个项目，命名为"标题文字"，将"呼伦贝尔航拍-4"视频片段添加到"媒体池"面板中，并拖曳到时间线上。

2 进入"Fusion"工作区，在"节点"面板的空白处右击，在弹出的菜单中执行"Arrange Tools > to Grid"命令，如图9-1所示，可以让节点更加整齐地排列在网格上。

图9-1

3 选择"MediaIn1"节点，单击工具栏中的"Text"按钮 **T**，自动添加一个"Text1"节点；添加"Merge1"节点，将其合并到画面的前景上，如图9-2所示。选择"Text1"节点，按数字键1，将其显示在视图1上。选择"MediaOut1"节点，按数字键2，将其显示在视图2上。

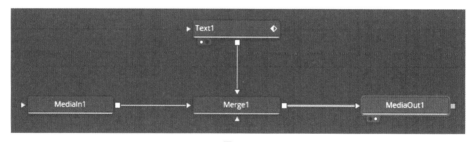

图9-2

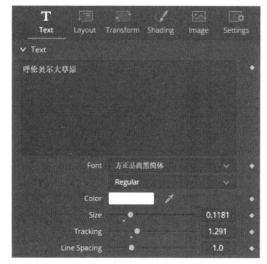

图9-3

4 选择"Text1"节点，展开"检查器"面板，进入"Text"标签页，输入"呼伦贝尔大草原"文字内容，修改"Font"（字体）、"Color"（颜色）、"Size"（大小）、"Tracking"（文字间距）等参数，如图9-3所示，效果如图9-4所示。

图9-4

5 进入"Layout"标签页，在这里可以方便地制作文字路径。在"Type"下拉列表中选择"Path"选项，在检视器中使用钢笔工具绘制路径曲线，如图9-5所示，可以看到文字沿着绘制的路径曲线分布。

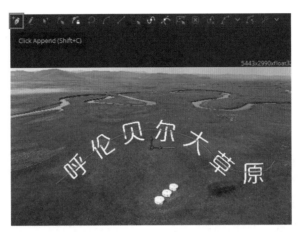

图9-5

6 进入"Transform"标签页，在这里可以方便地对文字进行变形操作。先在"Transform"下拉列表中选择"Characters"选项，每个字符可以单独进行变换。使用"Spacing"参数调整文字之间的距离，使用"Rotation"栏的参数调整文字的旋转角度，调整"Shear"和"Size"等栏的参数。

7 进入"Shading"标签页，在这里可以修改文字样式。"Select Element"下拉列表中共有8个选项，每个选项可以记录一种样式状态，只要勾选"Enabled"复选框即可启用。前几个选项已经预设好了，可以方便地直接修改。

选项1是文字填充，可以直接修改文字颜色，如图9-6所示。

选项2是文字轮廓，可以修改文字轮廓的颜色，这里选择红色，如图9-7所示。

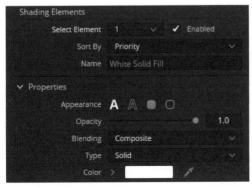

图9-6

图9-7

选项3是文字阴影，预设是为文字添加阴影并进行位置的偏移，如图9-8所示。

选项4是文字背景，可以设置为白色，然后降低不透明度，如图9-9所示。

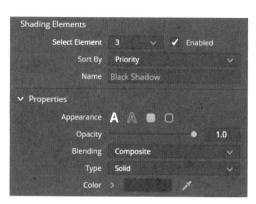

图9-8

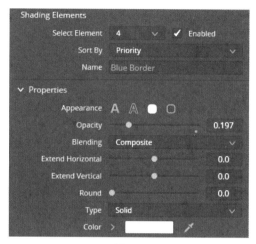

图9-9

选项5到8都可以自行设定，每一个选项都可以实现需要的效果，读者可以根据实际情况进行设置。例如，在选项5中可以再给背景加个边框，先勾选"Enabled"复选框将其启用，然后在"Properties"栏中的"Appearance"中单击"Border Outline"按钮■。这里简单修改一下颜色和不透明度等，只作为演示，读者可以根据实际效果来设置，如图9-10所示，完成后的效果如图9-11所示。

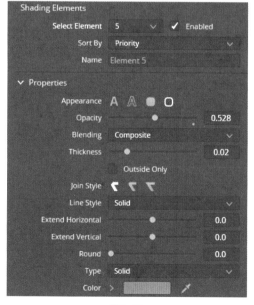

图9-10

图9-11

8 下面制作一个文字沿路径运动的动画。先将播放头调整至时间线的最左端（第0帧处），进入"检查器"面板的"Layout"标签页。将"Position on path"参数调整至"1.0"，单击右侧的关键帧按钮。将播放头调整至最右侧（第71帧处），将"Position on path"参数调整至"0.1"，可以看到生成了文字自右向左沿着曲线移动的动画。

9 仔细查看该动画效果，可以发现文字的运动比较卡顿，并不稳定、匀速，这里需要使用另一种方法制作动画。保持第0帧"Position on path"参数值为"1.0"，取消第71帧处的关键帧，在第1帧处设置"Position on path"为"0.99"。展开"Spline"（样条线）面板，如图9-12所示，勾选面板左侧的"Text1"下的"Position on path"复选框，单击右上角的"Zoom to fit"按钮▣，将其全部显示出来。单击下方工具栏的"Select all"按钮▣，将所有关键帧选中，单击其旁边的"Set Relative"按钮▣，将动画延续。这样相当于第2帧的参数为0.98，第3帧的参数为0.97，依次递推。

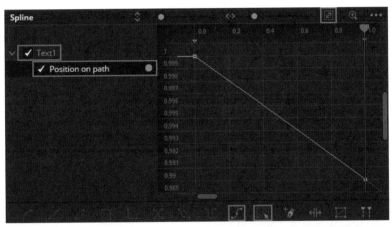

图9-12

10 还可以将动画效果制作得更加细致。进入"Settings"标签页，勾选"Motion Blur"复选框，如图9-13所示，这样文字在运动时会带有模糊效果，显得更加顺滑、真实。当然，勾选该复选框之后需要进行缓存，动画才能顺畅播放。这里有个技巧，可以直接进入"剪辑"工作区，执行"播放>Fusion缓存>自动"命令，系统会对该动画自动进行缓存，然后就可以流畅地查看动画效果了。

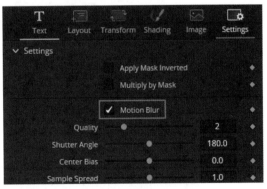

图9-13

9.2 实例：文字蒙版及发光

本实例制作用背景图片进行填充的标题文字，主要介绍两种方法。

方法一：蒙版法

1 新建一个项目，从"合成特效素材"文件夹中导入航拍视频素材和照片，将视频素材和照片拖入时间线。

2 进入"Fusion"工作区，将"Text"节点▣拖入"节点"面板中，使用9.1节的实例的方法制作白色标题文字"呼伦贝尔大草原"，并加粗显示。节点的连接如图9-14所示，效果如图9-15所示。

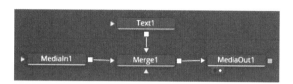

图9-14

图9-15

3 给文字制作蒙版。使用"MatteControl"节点 ，将草原图片素材从"媒体池"面板拖曳到"节点"面板中，形成"MediaIn2"节点，连接到"MatteControl1"节点的黄色背景输入端，将"Text1"节点连接到"Matte-Control1"节点的灰色GarbageMatte输入端，并在"GarbageMatte"栏中勾选"Invert"复选框（思路是把文字作为蒙版的抠掉部分，然后反向，让其成为保留部分）。将"MatteControl1"节点的灰色合成输出端连接到"Merge1"节点的绿色前景输入端，与新背景进行融合。节点的连接如图9-16所示，效果如图9-17所示。

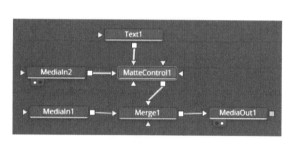

图9-16

图9-17

4 下面让刚才制作的标题文字发出光芒。选择"Text1"节点并复制，取消选择（在"节点"面板的任意位置单击）后粘贴。在"效果"面板中找到"Rays"效果，用来设置光芒效果，将其连接到"Text1_1"节点。再将"ColorCorrector1"节点连接到"Rays1"节点，用来给光芒添加金色。通过"Merge2"节点合并导出到"MediaOut1"节点中。节点的连接如图9-18所示。

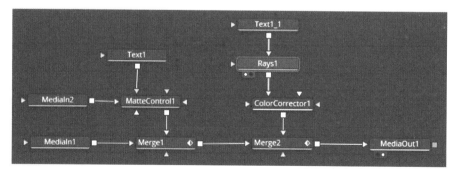

图9-18

5 选择"Text1"节点，在"检查器"面板的"Shading"标签页中添加一个轮廓，在"Select Element"下拉列表中先选择"1"选项，取消勾选旁边的"Enabled"复选框。然后选择"2"选项，勾选旁边的"Enabled"复选框，勾选"Outside Only"复选框，使发光效果只显示在文字外面。拖曳"Thickness"滑块调整轮廓线粗细，如图9-19所示。

6 选择"Rays1"节点，根据"检视器"面板中的显示效果进行调整，如图9-20所示。

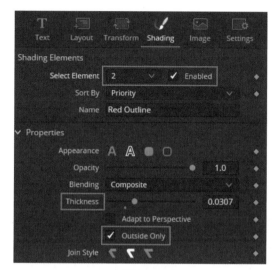

图9-19

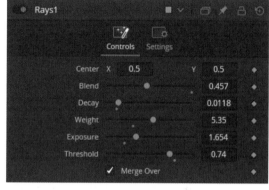

图9-20

7 选择"ColorCorrector1"节点，将光芒调整为金色，如图9-21所示。

8 合并输出，效果如图9-22所示。

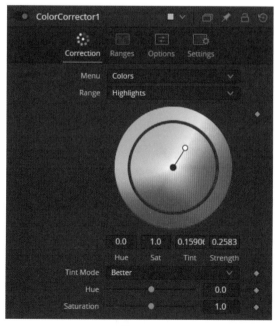

图9-21

图9-22

还可以给光芒制作一个从左至右闪烁的动画效果，只需要调整"Rays1"节点的"X"参数值，并制作关键帧动画即可，读者可以自行尝试。

方法二：贴图法

使用"Text"节点即可将图片作为文字贴图，实现文字蒙版效果。

1 将"Text1"节点复制并粘贴在"节点"面板上，使其成为独立节点。进入"检查器"面板，在"Shading"标签页的"Select Element"下拉列表中选择"1"选项，在"Properties>Type"下拉列表中选择"Image"选项，也就是将颜色填充修改为图片填充。将"MediaIn2"节点复制成独立节点，将其直接拖曳到"Color Image"参数框中，可以看到文字有了贴图。

2 此时是对每个文字单独贴图，并不是想要的效果。在"Mapping Level"下拉列表中选择"Full Image"选项，即可实现用图片对文字整体贴图的效果。

3 可以在"MediaIn2_1"节点后增加一个"Transform1"节点，调整贴图的位置和大小，实现更理想的效果。

4 节点的连接如图9-23所示，节点参数设置如图9-24所示，效果如图9-25所示。后续添加光芒的操作与前面介绍的操作相同，读者也可以更换其他光效、模糊效果等。

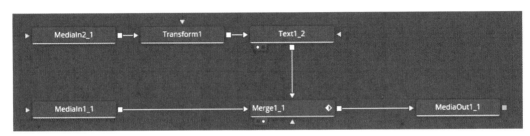

图9-23

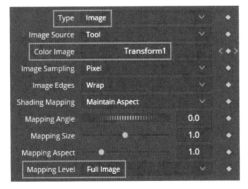

图9-24

图9-25

9.3 实例：绿幕背景抠像

本实例使用一个自己拍摄的绿幕背景，更加精准地进行绿幕背景抠像。

1 将"合成特效素材"文件夹中的"绿幕视频"导入，系统提示是否按照素材帧速率修改时选择"是"，新建时间线，将分辨率设置为"2160×3840HD"，将素材拖曳到时间线上。

2 进入"Fusion"工作区，在"效果"面板中选择"Tools>Matte>DeltaKeyer"选项。也可直接使用快捷键 Shift+Space调出选择工具对话框，直接输入"DeltaKeyer"调出该节点，将其连接到"MediaIn1"和 "MediaOut1"节点之间。

3 选择"DeltaKeyer1"节点，进入"检查器"面板，在"Key"标签页中展开"Background Color"色板， 单击吸管工具，如图9-26所示，在"检视器"面板中的绿幕背景上单击，选择抠像颜色（同时按住Ctrl或 Command键可以进行框选），可以看到绿幕背景变为透明背景，如图9-27所示。（先不用管上部的黑色区 域，稍后会介绍处理方法。）

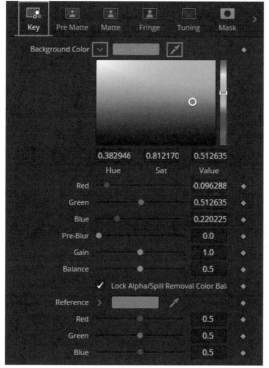

图9-26

图9-27

4 背景看起来透明了，但其实并不是完全透明。单击"检视器"面板上端的"Color"按钮██，或按快捷键A 或C进入Alpha通道视图。可以看到背景和人物内部都有噪点，如图9-28所示。

在Alpha通道视图下，使用吸管工具吸取右侧的灰黑色，直至背景几乎全部变为黑色（也可直接调整RGB等 参数）。使用"Reference"右侧的吸管工具吸取头顶内侧的灰色，减少抠像区域内部的灰色。此时看到还是 不够干净。进入"Matte"标签页，重点调整"Clean Forground"和"Clean Background"两个滑动条， 使前景更白，背景更黑，效果如图9-29所示。

5 此时前景内部还有部分面具和桌子上有噪点，这里可以将工具栏中的"Polygon"节点拖进"节点"面板， 在面具区域绘制出多边形，如图9-30所示。将"Polygon3_1"节点连接到"DeltaKeyer1_1"节点的白色输 入端，遮罩区域为保留部分，可以看到面具上类似犄角的灰块变为白色。同理，再次添加"Polygon1_1"节 点，勾选桌子边缘，如图9-31所示，将其连接到上一个"Polygon3_1"节点，用来追加遮罩。这样抠像效 果就相对好一些了，节点的连接如图9-32所示。

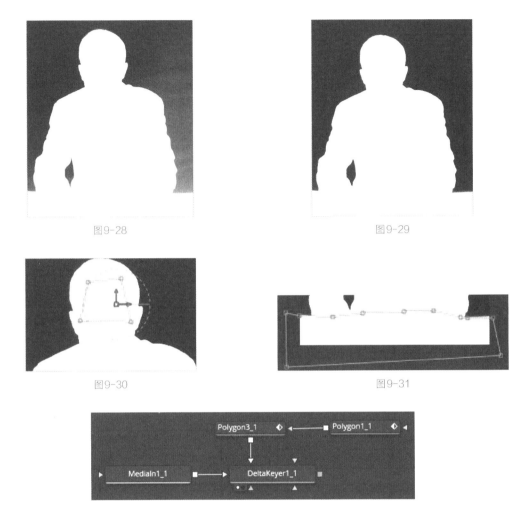

图9-28

图9-29

图9-30

图9-31

图9-32

6 使用一个"Polygon"节点将顶部的黑色区域抠掉，将"Polygon"节点拖曳到"节点"面板（Polygon2_1）中，在"检视器"面板上使用钢笔工具框住顶部的黑色区域，如图9-33所示。将该节点连接到"DeltaKeyer1_1"节点的灰色GarbageMatte输入端（用于抠掉不需要的部分），节点的连接如图9-34所示。

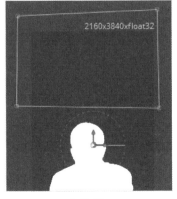

图9-33

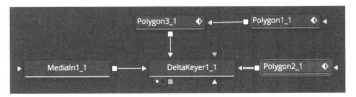

图9-34

7 处理抠像边缘色彩溢出的问题，这里使用"Hue Curves1"节点和"Matte Control1"节点。第一个节点用来调整色彩，第二个节点用来合成蒙版。"MediaIn1"节点连接到"Hue Curves1"节点后，连接到"Matte-Control1"节点的黄色背景输入端。将刚才抠掉背景的"DeltaKeyer1"节点输出，连接到"MatteControl1"节点的绿色前景输入端，节点的连接如图9-35所示。

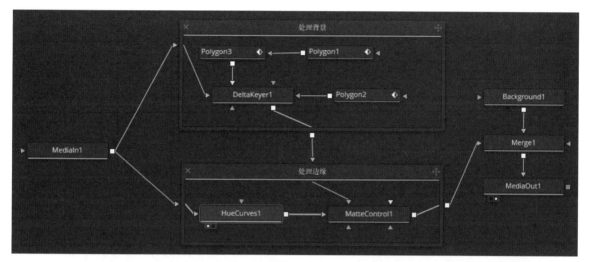

图9-35

8 选择"MatteControl1"节点，将其输出到检查器2上。进入"检查器"面板，在"Matte"标签页的"Combine"下拉列表中选择"Combine Alpha"选项，如图9-36所示，将前景蒙版合成到背景上。

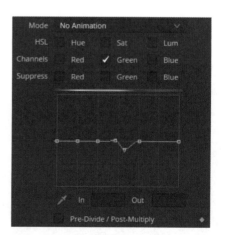

图9-36

9 进入"Spill"标签页，具体设置如图9-37所示，以处理色彩溢出边缘的问题。

10 调整"HueCurves1"节点，具体设置如图9-38所示，轻松处理人物右肩部反射的绿幕色彩，完成本实例的操作。

图9-37

图9-38

最后还是要强调，合成的方法有很多种，可以使用不同的节点，不同的连接方式，不同的参数，只要满足实际使用需求即可，不用纠结方法的对与错，计算机的处理效率反而是更需要关注的。

9.4 实例：替换天空背景

本实例使用明度抠图节点完成较为常用的替换天空背景的操作。

1 从"合成特效素材"文件夹中导入视频素材"DJI_0168"和图片素材"DJI_0153"，导入时使用视频片段的帧速率。将视频片段拖曳到时间线上，截取前2秒进行制作。

2 进入"Fusion"工作区，由于与上一个实例的制作思路类似，因此这里只进行整体说明。在工具栏中找到节点，也可以在"效果"面板中找到节点，最简单的方法还是使用快捷键Shift+Space调出选择工具对话框直接选择，添加相应的节点，制作完成的节点如图9-39所示。

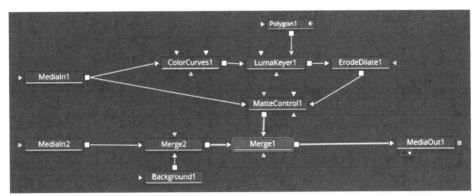

图9-39

3 "MediaIn1"节点中是准备抠图的视频，在进行明度抠图前，通常会增加一个"ColorCurves"节点，用来提高对比度，增加抠图区域的明度，参数设置如图9-40所示。

4 "LumaKeyer1"节点的参数设置如图9-41所示，使用Blue通道，反向将天空抠掉。

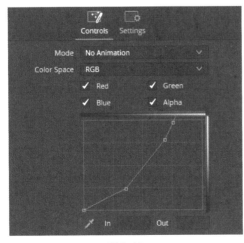

图9-40

图9-41

5 在"Lumakeyer1"节点后通常会增加一个"ErodeDilate1"节点，用来闭合蒙版的孔洞，参数设置如图9-42所示，这样可以有效去除亮边，注意参数值一定不要设置得过大。

6 "Polygon1"节点用来将没有抠干净的大面积区域处理掉。框选顶部区域，如图9-43所示，将"Polygon1"节点连接到"LumaKeyer1"节点的GarbageMatte输入端。虽然此种方法简单高效，但要特别注意视频画面是动态的，制作的多边形遮罩区域在整段视频中应该都是满足要求的。

图9-42

图9-43

7 使用"MatteControl1"节点进行合成，把抠图之后的蒙版作为前景，把原始图片作为背景。注意，在"Matte"栏中，将"Combine"设置为"Combine Alpha"，勾选底部的"Post Multiply Image"选项，调整其他参数，如图9-44所示，让抠图效果更干净。

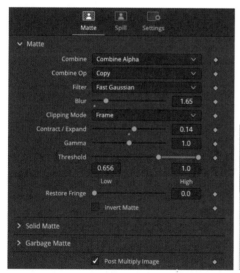

图9-44

8 将图片"DJI_0153"拖曳到"节点"面板中，形成新的"MediaIn2"节点。这张图片里的云朵比较丰富。将"MediaIn3"节点和"Background1"节点合成，这样可以把图片的分辨率输出到与视频的分辨率相同，而且在"Merge2"节点上可以非常方便地调整图片的大小和位置，使之与画面中的场景相符，参数设置如图9-45所示。"Size"参数用于设置关键帧动画，模拟云朵运动的效果。

9 使用"Merge2"节点将抠好图的视频和图片合成，并输出到"MediaOut1"节点。如果镜头的运动幅度比较大，则后续还需要对天空进行跟踪适配等操作，最后别忘了进行色彩的统一调整。

图9-45

合成前后的对比效果如图9-46所示。

图9-46

9.5 实例：点跟踪匹配

本实例使用两种方法实现目标点的跟踪和匹配。

新建一个项目，命名为"点跟踪匹配"，设置分辨率为"1920×1080HD"、帧率为"25"，导入"素材2：不同场景练习视频"文件夹中的"4K_25_1"片段和"4K_25_6"片段，在20秒处设置出点，将它们拖曳到时间线上。下面进行跟踪和匹配。

方法一：应用跟踪数据

1 选择"4K_25_1"片段，进入"Fusion"工作区。

2 选择工具栏中的"Tarcker"节点，将其拖曳到"节点"面板中。将"MediaIn1"节点的白色输出端连接到"Tracker1"节点的黄色输入端。选择"Tracker1"节点，按数字键1（或直接将该节点拖曳到检视器1上），使其显示在检视器1上。

3 确认"Tracker1"节点处于选中状态，检视器1上会出现一个跟踪器，尽可能选择反差比较大的目标点。拖曳内部方框的左上角可以移动跟踪器，将其移动至大桥的左上角；拖曳内部方框边界，使其框住明暗或色彩反差比较强烈的区域，范围尽可能小，用外部虚线框框住其每一帧的跳跃范围，如图9-47所示。简单地理解就是软件会在

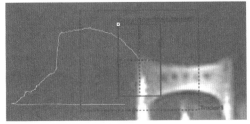

图9-47

外部虚线框中查找画面，在内部方框中精确定位。跟踪器范围在确保跟踪效果的情况下应尽可能小，因为会直接影响跟踪处理的速度。

单击即可从当前帧开始跟踪，会形成绿色的跟踪关键帧。在"Tracker List"列表中双击其名称，修改为"qiao"，便于进行后续操作，如图9-48所示。

4 在工具栏中将"Merge"节点和"Text"节点 **T** 拖曳到"节点"面板上，按照图9-49进行排列和连接。

选择"Text1"节点，按数字键1将其显示到检视器1上，将"MediaOut1"节点显示到检视器2上。在"检查器"面板上添加文本内容"星海大桥"，调整

图9-48

字体、字号等。进入"Layout"标签页，在"Center"参数上右击，在弹出的菜单中执行"Connect To>Tracker1>qiao:Offset position"命令，如图9-50所示。将刚刚生成的跟踪位置数据加载到"Text1"节点的参数"X"和"Y"上，即可实现文本跟踪匹配移动的效果。

图9-49

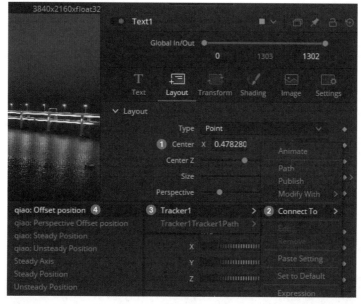

图9-50

5 文本跟踪匹配后，位置可能不是很理想，因为使用了Offset position数据，这里可以调整"Tracker1"节点的偏离值进行位置调整。在"Tracker1"节点的"检查器"面板的标签页最底部，用鼠标中键拖曳"X Offset1"

和"Y Offset1"参数进行调整，如图9-51所示。

| X Offset 1 | 0.0 |
| Y Offset 1 | 0.0811 |

图9-51

6 选择"Text1"节点，在"Layout"标签页中使用添加关键帧的方法，制作"Size"参数的关键帧动画，实现文本由小到大的透视效果。本实例的最终效果如图9-52所示。

图9-52

方法二：直接使用Tracker节点

1 在"片段"面板中选择"4K_25_6"片段，将"Tracker"节点拖曳到"MediaIn1"和"MediaOut1"节点之间的连线上，待连线变成蓝色和黄色相间时即可松开鼠标，将其拖曳到检视器1中进行显示。将跟踪器移动到压路机顶盖黄色区域的一角，如图9-53所示。对整个片段进行跟踪，如图9-54所示，可以看到整体跟踪路径还算平滑，如果出现抖动，可以提升跟踪质量后再次进行跟踪。

图9-53

图9-54

2 增加一个"Text1"节点，将其输出端连接到"Tracker1"节点的绿色前景输入端，如图9-55所示。选择"Text1"节点，在文本框中输入"我是压路机"。在第250帧的位置设置关键帧，将文本内容修改为"我负责把路压平"，设置好字体、大小等，这样就实现了在跟踪的同时变换文本内容的效果。

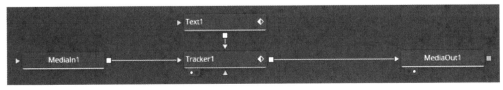

图9-55

3 选择"Tracker1"节点，进入"Operation"标签页，在"Operation"下拉列表中选择"Match Move"选项，在"Merge"下拉列表中选择"FG over BG"选项，如图9-56所示，这样文本会自动进行匹配跟踪并显示在前景。

图9-56

4 调整"Tracker1"节点的偏离值，如图9-57所示，调整文本到压路机顶上，将"MediaOut1"节点显示到检视器2上，播放视频并进行调整。

图9-57

本实例的最终效果如图9-58所示。

图9-58

9.6 实例：平面跟踪匹配

"Planar Tracker"节点适用于平面图形的跟踪和适配。使用该节点不仅能够跟踪位置，还能够对图形大小、角度等进行变换。使用该节点能够比使用"Tracker"节点更加轻松、准确地替换相框、计算机或手机屏幕等，还能方便地修补墙面、修复皮肤、稳定画面等。

1 新建一个项目，命名为"平面跟踪匹配"，设置分辨率为"1920×1080HD"、帧率为"30"，导入"素材3：Fusion跟踪等练习视频"文件夹中的"VID_20210613_ 081040"片段和"VID_20210513_163159"片段。新建时间线，并将"VID_ 20210613_081040"片段导入时间线，截取前4秒用于制作。

2 进入"Fusion"工作区，先对相框进行平面跟踪。选择"MediaIn1"节点并右击，在弹出的菜单中执行"Show>Show Tile Picture"命令，显示其缩略图，按数字键1将其显示在检视器1中。在"效果"面板中选择"Tracking>Planar Tracker"选项，将其连接到"MediaIn1"节点上。选择该节点，确认"检视器"

面板下方的播放头在第0帧的位置。展开"检查器"面板，先设置一个跟踪器，保持默认设置，直接单击
"Set"按钮，如图9-59所示。

3 在"检视器"面板上使用钢笔工具将最大的一个圆形相框勾选出来，可以通过控制点和控制手柄进行调整，如
图9-60所示。"Pattern"栏的参数可以按照图9-61所示进行设置。主要思路是在"Track Channel"下拉列
表中选择"Custom"选项，自定义跟踪通道，只调整蓝色，这样会比亮度跟踪更加准确。

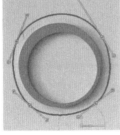
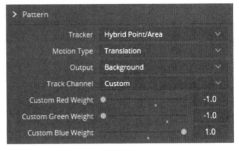

图9-59　　　　　　　　　　　图9-60　　　　　　　　　　　图9-61

4 设置完成后，单击"单步跟踪"按钮 ，查看跟踪点是否准确。可以看到大
部分表示正确的绿色跟踪点都在圆形相框上，如图9-62所示。单击"跟踪到底"
按钮 ，完成平面跟踪。

5 完成跟踪后，只需要使用其跟踪数据即可。单击参数面板最下方的"Create Planar
Transform"按钮，如图9-63所示，生成一个独立的新节点，按F2键，将其重
命名为"平面跟踪1"，如图9-64所示，后续将使用该节点完成匹配工作。

图9-62

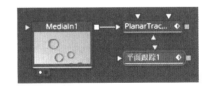

图9-63　　　　　　　　　　　　　　　图9-64

6 将"VID_20210513_163159"片段拖曳到"节点"面
板中，按F2键，在弹出的重命名窗口中将节点重命名
为"海鸥"，同样将其设置为缩略图模式，便于观察。

7 确认当前位于第0帧，使用"Ellipse1"节点■圈选一
处海鸥飞行的圆形区域，如图9-65所示，适当增加
"Soft Edge"参数的值，如图9-66所示。

8 选择"海鸥"节点，单击生成"Transform1"节点■，
新节点会自动连接。拖动"Transform1"节点输出端至

图9-65

"MediaIn1"节点输出端，会自动生成"Merge1"节点，此时圆形海鸥视频作为前景，调整"Transform1"
节点参数（或在检视器中直接拖动），使其与圆形背景相框相匹配，如图9-67所示。调整完成后，将"Merge1"
节点删除。

图9-66　　　　　　　　　　　　　　　　　　　　图9-67

9 调整完成后，将"Transform1"节点连接到刚才完成跟踪的"平面跟踪1"节点上，采用"Merge2"节点将"MediaIn1"节点和"平面跟踪1"节点进行合成，调整"Transform"中的"X"和"Y"参数，使海鸥视频保持在圆形相框中。节点的连接如图9-68所示，效果如图9-69所示。播放视频片段，可以看到，视频完美匹配到圆形相框中，并与圆形相框同步移动。

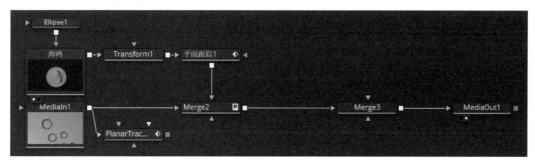

图9-68

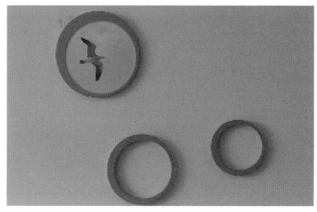

图9-69

10 继续观察，可以看到圆形相框的左上角有部分墙皮脱落了。可以使用克隆工具将其修补好。复制"MediaIn1"节点并连接到"Paint2"节点，单击"克隆笔触"按钮 ，按住Alt或Option键在修补边缘单击，松开鼠标后，在需要修补的地方涂抹，也就是复制旁边完整的墙面进行覆盖，反复多次操作，如图9-70所示。

11 完成修补后，在"MediaIn1_1"节点上增加一个多边形遮罩，将该区域选取出来，适当增加"Soft Edge"参数的值（0.001左右），效果如图9-71所示。

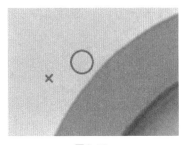
图9-70

图9-71

12 在"Paint2"节点后增加一个"TimeStretcher"节点，再增加一个"平面跟踪1"节点的复制节点，如图9-72所示，这样修补区域会与画面同步移动，实现修补墙面的效果，如图9-73所示。

图9-72

图9-73

全部完成后，节点的连接如图9-74所示。

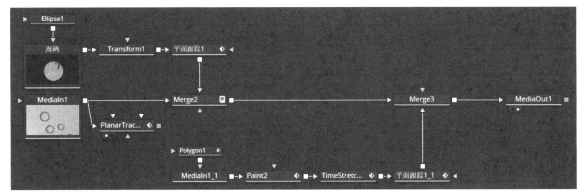
图9-74

合成前后的对比效果如图9-75所示。

当然，实际镜头的合成还要注意保持色彩风格一致，可以通过增加"Color Corrector"节点来完成，这里不再详述。

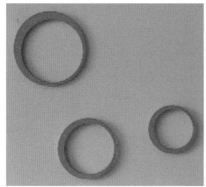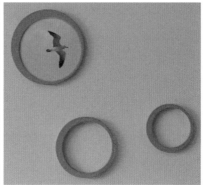

图9-75

9.7 实例：3D场景合成

本实例介绍如何在"Fusion"工作区中使用3D形状、灯光、摄影机等搭建最基础的3D场景。

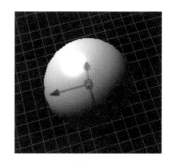

图9-76

1 新建一个项目，命名为"3D场景"，设置分辨率为"1920×1080HD"、帧率为"25"。在"媒体池"面板中右击，在弹出的菜单中执行"新建Fusion合成"命令，双击Fusion合成进入"Fusion"工作区。

2 下面创建一个基础的3D场景。将"Shape3D"节点拖曳到"节点"面板中，在"检查器"面板的"Controls"标签页的"Shape"下拉列表中选择"Sphere"选项，效果如图9-76所示。

3 给球体增加一个Moon材质。预设好的材质在"效果"面板"Templates"下的"Fusion"栏的"Shaders"中，常用的材质如图9-77所示。

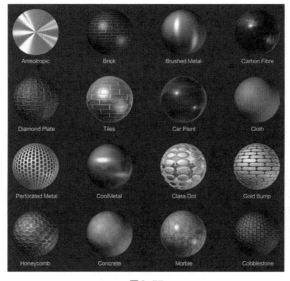

图9-77

4 使用预设的Moon材质，这里使用"效果"面板"Tools"下的"3D"栏中的"ReplaceMaterial3D"材质，
节点的连接如图9-78所示。在"检视器"面板上右击，在弹出的菜单中执行"3D Options"中的"Lighting"
和"Shadows"命令，如图9-79所示，效果如图9-80所示。

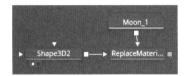  

图9-78 　　　　　　　　　图9-79 　　　　　　　　　图9-80

5 使用"Merge3D2"节点，将月球合成导入3D场景。

6 新建"ImagePlane3D2"节点，连接到"Merge3D2"节点上。这里创建一个白色背景，用来显示灯光的阴影
效果。设置"检查器"面板的"Transform"标签页的"Translation"栏中的"Z"为"-2.25"，将"Scale"
设置为"5"，使其置于球体后方，作为白色背景。

7 新建"SpotLight2"节点并将其连接到"Merge3D2"节点上。设置"检查器"面板的"Transform"标签页
的"Translation"栏的"Z"为"13"，使其在背景上产生投影。设置"X"为"-3"，使投影偏向一侧。

8 新建"Camera3D2"节点并将其连接到"Merge3D2"节点上。选择"Merge3D2"节点，按数字键2，使其
显示到检视器2上。在视图标签处右击，在弹出的菜单中选择"Camera3D2"摄像机视图，如图9-81所示。设置
"Camera3D2"节点的"检查器"面板的"Transform"标签页中的"Translation"栏的"Z"为"10"，
使月球和投影完整地显示到画面中，效果如图9-82所示。3D场景的全部节点如图9-83所示，3D透视图如
图9-84所示。

 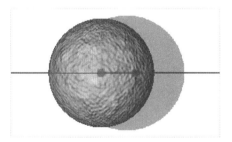

图9-81 　　　　　　　　　　　图9-82

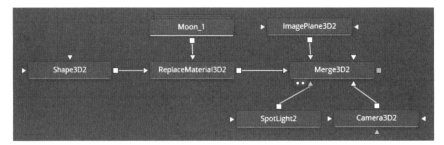

图9-83

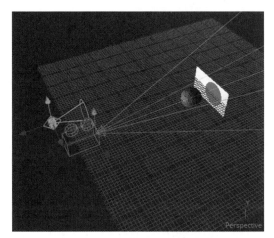

图9-84

9 此时效果仅在"Fusion"工作区的检视器中显示，并不能成为视频片段使用，因此还需要将其转换为2D画面。将"Merge3D2"节点的输出端连接到"Renderer3D2"节点，再连接到"MediaOut1"节点。将"MediaOut1"节点拖曳到检视器2中显示，如图9-85所示，可以看到效果并不理想，这里还需要对"Renderer3D2"节点进行设置。

图9-85

10 选择"Renderer3D2"节点，切换到"检查器"面板的"Controls"标签页中，在"Camera"下拉列表中选择场景中的摄像机，在"Renderer Type"下拉列表中选择"OpenGL Renderer"选项，在"Lighting"栏中勾选"Lighting"和"Shadows"复选框，如图9-86所示（注意保持各3D节点中的灯光和投影都处于选中状态）。此时即可得到希望的效果，如图9-87所示。调整摄像机和灯光的位置，并通过记录关键帧的方式制作简单动画。最终节点如图9-88所示。

有兴趣的读者还可以在此基础上制作地球、月球自转、公转等动画，可以使用"Transform 3D"节点，还可以输入公式。例如给月

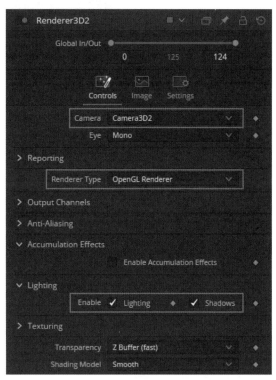

图9-86

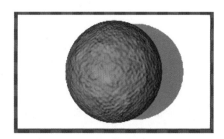

图9-87

球添加自转效果，单击"Shape3D2"节点，进入"Transform"标签页，在"Rotation"栏的"Y"参数栏中输入"="号后按Enter（或return）键确认，进入公式的输入状态，输入"time*2"即可实现自转，如图9-89所示。

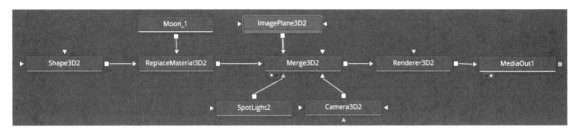

图9-88

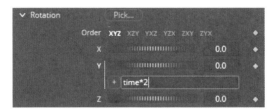

图9-89

9.8 实例：创建3D文字

有了上一个实例的基础，本实例制作3D文字就比较简单了，本实例的场景的搭建与上一个实例的3D场景的搭建基本相同。

1 在"项目管理"面板中新建一个"Fusion 3D 文字"项目。

2 在"剪辑"工作区的"媒体池"面板中右击，在弹出的菜单中执行"新建Fusion合成"命令，创建新Fusion合成，如图9-90所示。双击该合成，或者右击该合成，在弹出的菜单中执行"在Fusion页面打开"命令，进入"Fusion"工作区。

3 本实例完成后，节点的连接如图9-91所示，"Text3D1""Camera3D1""Spotlight1"节点等融合在"Merge3D1"节点中，使用"Renderer3D1"节点渲染输出。使用"Replace-Material3D1"节点设置文字材质。场景的位置关系及效果如图9-92所示。

图9-90

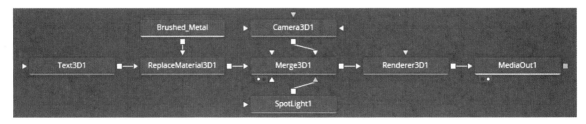

图9-91

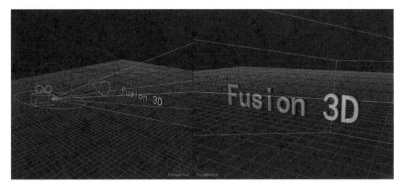

图9-92

4 在检视器1和检视器2中显示3D场景并右击，在弹出的菜单中执行"3D Options"中的"Lighting"和"Shadows"命令，这样才能将立体效果显示出来。

5 调整"Camera3D1"节点和"SpotLight1"节点的"Trans-form"参数，使文字呈一定的角度显示（根据实际显示效果）。

6 创建3D文字，在"Text3D1"节点的"Text"标签页中输入"Fusion 3D"。在"Font"下拉列表中选择一个较粗的字体，调整"Size"滑动条。单击"Extrusion"左侧的箭头，将其全部参数显示出来，将"Extrusion Depth"设置为"0.1"，将"Bevel Depth"和"Bevel Width"设置为"0.02"，如图9-93所示。

图9-93

7 将"Renderer3D1"节点的"Renderer Type"设置为"Open-GL Renderer"，如图9-94所示，勾选"Lighting"栏中的"Lighting"和"Shadows"复选框，如图9-95所示。如果效果没有显示出来，可以检查一下其他3D节点的"Lighting"和"Shadows"复选框是否勾选。

图9-94

图9-95

8 使用"ReplaceMaterial3D1"节点，为文字添加一个Brushed_Metal材质（在之前介绍的"效果"面板的"Templates"大类中的"Shaders"类别下），可以将该节点的颜色调整为金色。3D文字基本就设置完成了，在实际应用中更多的是为3D文字设置各种动画效果，让其作为片头、标题等。例如这里使灯光沿y轴旋转，即可实现文字受光照而逐渐出现的动画，效果如图9-96所示。

9 回到"剪辑"工作区，在轨道1中设置背景视频，将Fusion合成片段放到轨道2上，即可看到刚刚制作好的3D文字。

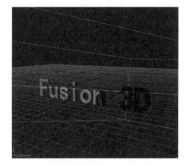

图9-96

9.9 实例：粒子雪花

本实例使用粒子模拟一个最基础的下雪效果，帮助读者学习粒子系统的基础操作。

1 使用上一个实例中创建的3D文字实例，增加"pEmitter1"和"pRender1"节点，连接好以后将"pRender1"节点的输出端连接到"Merge3D1"节点上，如图9-97所示。

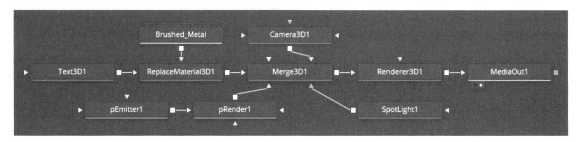

图9-97

2 在进行粒子节点参数的设置时，通常将时间线播放头（红色细线）拖曳到时间线的中间位置，便于观察粒子效果。取消"SpotLight1"节点的关键帧动画，使灯光始终照射到3D文字上。将"pRender1"节点显示到检视器1上，将"MediaOut1"节点显示到检视器2上。选择"pEmitter1"节点，进入"检查器"面板。

3 设置"Controls"标签页中的参数。在"Emitter"栏中设置数量、生命周期等，如图9-98所示。在"Velocity"栏中设置粒子的速度和方向等，如图9-99所示。在"Spin"栏中设置粒子沿着z轴自转，并增加一些随机量，如图9-100所示。

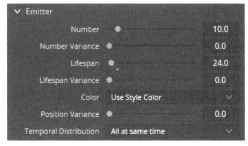

图9-98

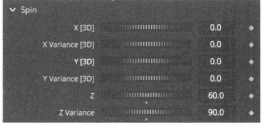

图9-99   图9-100

4 设置"Style"标签页中的参数。在"Style"栏和"Color Controls"栏中将粒子样式设置为六角星形，柔化其边缘，将颜色设置为半透明的淡青色，如图9-101所示。在"Size Controls"栏中设置粒子的大小和偏差值，通过曲线设置其随着生命周期的结束而减小。

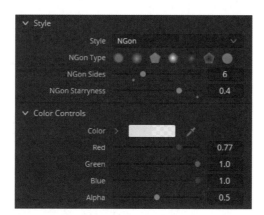

图9-101

5 设置"Region"标签页中的参数。在"Region"和"Size"栏中设置粒子的发射范围，选择一个长方体，使其覆盖3D文字，具体设置如图9-102所示。去掉灯光节点的阴影，具体设置如图9-103所示，否则雪花会投影到文字上，影响真实感。

图9-102

图9-103

本实例的最终效果如图9-104所示。

图9-104

第10章

基础操作：
"Fairlight" 工作区基础

Fairlight 公司是老牌的数字音频公司，1975 年成立，2016 年 9 月被 Blackmagic Design 公司收购。2017 年，Fairlight 技术被整合到了 DaVinci 14 中，使 DaVinci 具有了专业、高端的音频处理功能。专业的制作团队会配备 Fairlight 调音台及音频加速卡等制作设备，以及高品质的声音录制、播放设备。本章主要介绍如何使用 DaVinci 来进行音频的制作。

10.1 "Fairlight"工作区简介

在页面导航栏中单击"Fairlight"按钮🎵，进入"Fairlight"工作区，如图10-1所示。

图10-1

除了"调音台"面板外，"Fairlight"工作区中还有"索引"（其作用与其他工作区中的类似）、"音响素材库""ADR""元数据""检查器"等面板（这些面板展开后会遮挡工作区，无法全部同时显示），后面会陆续介绍。

10.2 "索引"面板的功能及操作

单击"Fairlight"工作区的"索引"按钮▤ 索引，可以看到"索引"面板包括"编辑索引""轨道""标记"3个标签页。

▍10.2.1 编辑索引

与"剪辑"工作区的"编辑索引"面板相同，这里有所有媒体片段在轨道上的信息，方便快速进行查找与编辑，如图10-2所示。

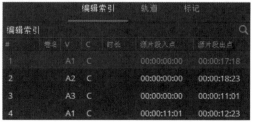

图10-2

使用时，只需要在相应媒体片段的信息上双击，即可在时间线上跳转到该媒体片段处。

在索引栏上右击，可以在弹出的菜单中选择需要显示的栏目。

10.2.2 轨道

该标签页非常实用，因为音频轨道通常比较多，在这里单击轨道前的眼睛图标可以方便地将轨道显示或隐藏。不仅音频轨道可以被隐藏，"调音台"和"音频表"面板都可以被隐藏。图10-3中隐藏了V3轨道、A4轨道和B2轨道。同时，各轨道的锁定、录音准备、单独播放和静音等控制按钮也可以直接单击使用。

图10-3

10.2.3 标记

该标签页中展示了所有时间线上标记点处的缩略图，如图10-4所示，双击缩略图即可直接跳转至对应的标记点。

图10-4

10.3 "音频表"面板的功能及操作

10.3.1 "监看"面板

制作音频不仅要学会听，还要学会看。音频表类似于"调色"工作区的示波器，可以将声音响度直观地显示出来。"音频表"面板主要包括"监看"面板和"检视器"面板，"监看"面板用于全面显示各音频轨道、总线轨道的音量状态，如图10-5所示。每个音频轨道都对应一个峰值表，顶部数字表示音频轨道的编号，彩色横线的颜色对应音频轨道的颜色。

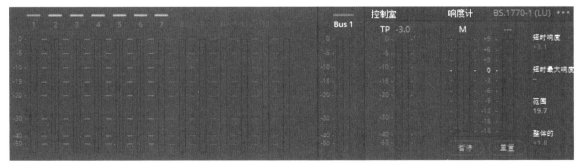

图10-5

"调音台"面板上单独的音频通常也被称为音频表，如图10-6所示。

音频表与"监看"面板上峰值表的显示相同，以dB（分贝）为单位显示当前音量电平。红色通常表示音量过高，只能瞬时存在。黄色区域通常为人声比较理想的区域。-3dB通常是最响的尖叫声，而-10dB是较响的声音，-12dB是平均对白电平，-15dB是轻柔的声音，-20dB是最弱的细语声。

图10-6

10.3.2 "检视器"面板

该"检视器"面板只用于简单地显示视频，通常会同音频表一起被打开或关闭。单击右下角的"浮动窗口"按钮，如图10-7所示，可以将其变成浮动状态。通常将其拖曳到工作区底部的中心位置或其他位置，这样既便于观察也不影响其他操作。拖曳四角可以调整"检视器"面板的大小。"检视器"面板独立显示后，可以将"音频表"面板关闭，以节省操作空间。

图10-7

"检视器"面板的播放控制按钮在"音频轨道"面板顶部的播放控制栏中。

10.4 "时间线"面板的功能及操作

DaVinci 17的"Fairlight"工作区支持2000条音频轨道，"音频轨道"面板作为主要的音频剪辑操作区，功能非常丰富，介绍如下。

10.4.1 时间线播放控制

播放控制栏中的工具从左至右依次如下。

- 时间码 `01:02:21:17`：用于显示播放头的时间码。
- 时间线下拉列表 `Timeline 1 ∨`：用于选择并打开时间线。
- 播放控制按钮 ◀◀ ▶▶ ▶ ■ ● ↻：这里与前面介绍过的播放控制按钮基本相同，不同的是多了一个"记录"按钮，用来录制音频。
- 自动化 ■■：单击该按钮后会在播放控制栏的上方显示自动化控制工具，如图10-8所示，可以轻松地记录轨道推子等控制操作，并形成控制曲线。

图10-8

"写入"选项用来记录绝对变化，"修整"选项用来记录电平的新变化。

"触动"下拉列表中包括3个选项："关闭"选项表示不记录；"锁存"选项表示会在触发时记录，松开后持续记录；"吸附"选项表示会在触发时记录，松开后停止记录。以推子为例，选择"锁存"选项时松开推子后会保持不变，选择"吸附"选项时松开推子后会弹回原记录位置。

"当停止时"代表单击"停止"按钮后的情况，下拉列表中包括3个选项："保持"选项表示停止时会保持最新记录直至结束位置（会删除之前的记录）；"返回"选项表示停止时该位置之前的值为最新值，之后的值仍为之前的值；"事件"选项表示停止时该位置之前的值为最新值，之后的值会自动覆盖参数发生变化的点。

下面举例说明：选择"写入"选项，在"触动"下拉列表中选择"锁存"选项，在"当停止时"下拉列表中选择"保持"选项，在"启用"栏中单击"推子"按钮后，就可以在播放的同时使用轨道推子实现自动化记录了。在轨道头的位置可以查看自动化记录的曲线（需要将轨道纵向放大显示出来），如图10-9所示。使用调音台推子控制时推子会变为红色，如图10-10所示。

图10-9　　　图10-10

技巧

1. 在"停止"按钮上右击，在弹出的菜单中执行"停止播放并返回播放头原位"命令，每次停止播放时，播放头都会自动返回播放前的位置。

2. 循环播放，先在时间线上设置好播放的入点（快捷键为I）和出点（快捷键为O），单击"循环播放"按钮，快捷键为Ctrl（Command）+/，可以开始循环播放或取消循环播放。使用快捷键Alt（Option）+/，可以使音频片段在入点和出点之间循环播放。

3. 在进行音频片段的播放时，经常会反复多次播放某一小段音频，执行"播放>再次播放"命令，快捷键为Alt（Option）+L，播放头会自动跳转至上次播放的位置并开始播放。

10.4.2　工具栏简介

在工具栏中单击"时间线显示选项"按钮，展开后的效果如图10-11所示。

第一行为"轨道显示选项"，从左至右依次为"视频轨道"按钮（在音频轨道最上方显示视频轨道）、"完整波形"按钮、"波形边框"按钮和"增益线"按钮。

第二行为"导航选项"，从左至右依次为"跳转到片段"按钮、"跳转到淡入"按钮、"跳转到标记"按钮、"跳转到瞬态"按钮。

第三行为"时间线滚动"，从左至右依次为"固定播放头"按钮、"页面滚动"按钮、"无滚动"按钮。

第四行为"滚动条",单击其中的按钮后可以在底部出现新的滚动条界面,类似于"快编"工作区的"时间线"面板,播放头居中固定,音频片段局部放大,便于查看与操作。从左至右依次为"视频"按钮、"音频1"按钮、"音频2"按钮,单击"音频1"或"音频2"按钮,可以显示音频轨道的波形,如图10-12所示。

第五行为"缩放预设",一共有7种缩放预设。

图10-11

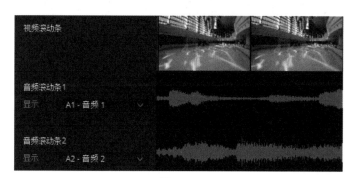

图10-12

工具栏如图10-13所示,具体剪辑操作与"剪辑"工作区中时间线剪辑操作类似。其中的按钮从左至右依次介绍如下。

图10-13

• 选择模式 : 快捷键为A,单击该按钮,可以在轨道头或音频片段上单击选择或拖曳框选音频轨道或音频片段,实现音频片段的移动、剪辑等操作。

• 范围选择模式 : 快捷键为R,单击该按钮,可以在音频轨道上拖曳选择任意长度的音频片段。这里有一个小技巧,选择某一段音频后,鼠标指针在该选区上会变成手形图标,直接向上轻轻拖曳,即可将该音频片段的两端切开。采用这种方法将某段音频提取出来进行更换非常方便。

• 编辑所选模式 : 当鼠标指针位于音频轨道上音频片段的不同位置时,会自动变成不同的工具。在音频片段前半部分会变成编辑工具,可以调整播放头的位置或拖曳选取范围;在音频片段后半部分会变成抓手工具。

• 刀片 : 又称为剪刀工具,用于切割音频片段,快捷键为Ctrl+B或Command+B,也可使用快捷键Ctrl+\或Command+\完成切割。注意,进行切割操作时先将播放头调整至切割位置,并选定切割的音频轨道或音频片段,若没有选择则会对当前播放头所在位置的全部音频片段进行切割。

• 吸附 : 单击该按钮,可以开启或关闭时间线吸附功能,快捷键为N。

• 链接所选 : 单击该按钮,可以开启或关闭链接,快捷键为Ctrl+Shift+L。注意,不仅视频和音频可以链接,音频和音频也可以链接。如果想要建立或取消链接关系,则可以选择媒体片段并右击,在弹出的菜单中执行或取消执行"链接片段"命令。

• 旗标 : 快捷键为G,单击该按钮,可以给音频片段添加指定颜色的旗标。

• 标记 : 快捷键为M,单击该按钮,可以标记音频片段上某个时间点的某个事项,也可以直接将时间线上某个时间点"标记"出来。

• 瞬态探测 ![icon]：该工具可以自动检测瞬态音频，也可以检测单独的词、节拍或音效。单击该工具的按钮后，在轨道头的片段数量会变为"瞬态探测"按钮，单击该按钮，音频片段上会出现竖线，便于使用箭头按钮定位导航，如图10-14所示。

图 10-14

最后两个滑动条用来调整音频片段在轨道上的显示大小，时间线视图快捷键在这里同样适用。需要说明的是，Fairlight时间线上"横向滑块"向右拖动时，可以放大至1秒、1帧直至采样级别，如图10-15所示。一个小方块代表一个采样点，拖曳调整采样点可以进行细致入微的音频剪辑操作。

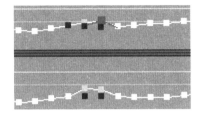

图 10-15

"Fairlight"工作区的剪辑功能非常强大，很多功能可以在时间线的右键菜单中找到，如"扩展编辑选择""编辑所选内容""轨道波形缩放"等，读者可以在实际操作中进一步归纳总结，尽量使用快捷键完成操作。

▌ 10.4.3 "时间线"面板轨道头

将时间线轨道头纵向扩大，如图10-16所示。

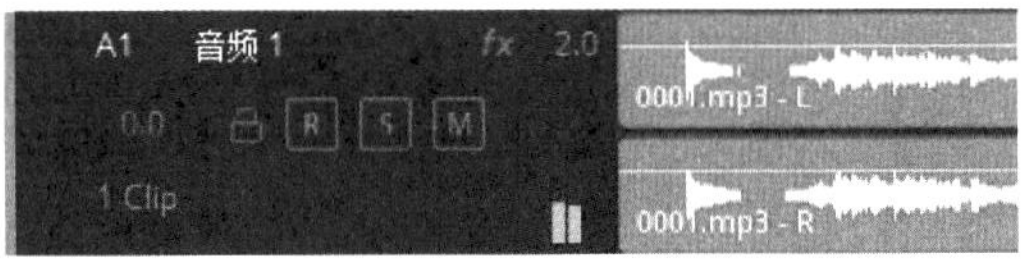

最左侧的竖条的颜色代表轨道颜色。

• "A1"是音频轨道的编号。

• "音频1"是音频轨道的名称，双击可以修改。

图 10-16

• "fx"表示该音频轨道添加了特效。

• "2.0"表示音频类型是立体声，可以通过右键菜单中的"将轨道类型更改为"命令进行调整，可以选择"mono单声道""stereo立体声""5.1""7.1"等命令。

• "0.0"表示音量，可以对整个音频轨道的音量进行调整。

• 单击"锁定"按钮 ![icon] 可以锁定音频轨道。

• 单击"准备录制"按钮 ![icon] 后音频轨道将保持音频录制准备状态。

• 单击"独听"按钮 ![icon] 将只播放本轨道的音频。

• 单击"静音"按钮 ![icon] 可将音频轨道静音。

• "1Clip"表示该音频轨道上只有1个音频片段（包括分层音频片段）。

• 峰值表用来显示音频轨道的音量。

▌ 10.4.4 "时间线"面板轨道层

"Fairlight"工作区的音频轨道的显示内容比"剪辑"工作区的音频轨道的显示内容多。可以这样理解：在"快编"工作区中，基本上是视频和伴音在同一个轨道；在"剪辑"工作区中，视频和音频都有自己的独立轨道；在"Fairlight"工作区中，音频的每一个声道都有独立的轨道，而且每个轨道还可以分层。分层功能简单理解就是在一条音频轨道上同时录制多段音频，再将它们按照上下层放置，当播放时，优先播放上层音频。使用该功能可以非常方便地进行不同层音频的试听与替换调整。该功能特别适用于为同一段对话录制不同版本，再进行修改或替换。

要显示分层音频轨道，可执行"显示>显示音轨层"命令，这里在A1轨道上添加了3层音频轨道，如图10-17所示。在播放时，优先播放最上层音频，可以拖曳调整音频层的顺序。

图10-17

10.5 "调音台"面板的功能及操作

"调音台"面板主要用来对音频轨道进行混音，作用在整条音频轨道上。使用时，单击工作区右上角的"调音台"按钮，然后单击面板右上角的"设置"按钮，选择显示项目，如图10-18所示。如果面板较小，则可以拖曳左侧边界将其向左展开，展开的面板如图10-19所示。

图10-18

图10-19

> **注意**
>
> "调音台"面板的操作是针对整条音频轨道进行的，每个音频片段的单独调整都需要在"检查器"面板上进行。

"调音台"面板从顶部向下的功能介绍如下。

- 彩色横条：音频轨道的颜色。
- A1：音频轨道的编号。
- 输入：单击文本框会弹出输入设置下拉列表，包括"无输入"、

"输入"（可以选择输入的音频源）、"总线"（可以选择输入的音频总线）、"路径设置"（可以调整输入麦克风的电平等）等选项，具体内容在"10.9 音频的输入输出与总线控制"一节中详细介绍。

- 特效：单击"+"按钮，在弹出的下拉列表中选择需要的混音特效。添加完成后会出现特效的名称 Chorus ，同时会出现新的"+"按钮，可以继续添加特效。当鼠标指针悬浮在特效名称上时，会出现3个按钮 ，分别是"Bypass绕过""Controls控制""More更多"（删除或禁用）。添加特效或单击"Controls控制"按钮，都会弹出该特效的可视化控制面板，如图10-20所示。在"检查器"面板中同样可以进行相应的调整（在轨道中选择特效，打开"检查器"面板中的"效果"标签页），如图10-21所示。单击面板右上角的"控制"按钮同样可以将可视化控制面板展开。

图10-20

图10-21

- Effects In：单击该按钮可以开启或关闭效果路由，该设置主要与音频制作的硬件设备相关。
- 动态：主要用于调整音频轨道中最大和最小峰值之间的差异，类似于调色中的对比度，双击会弹出动态控制界面，如图10-22所示。扩展器可以加大最大和最小峰值之间的差异，门限器用来防止听到低于设定阈值的声音，压缩器可以降低最大峰值，限制器用来限制声音不超过设置电平。

图10-22

- 均衡器：这是一个非常强大的工具，可以调整特定频率，就像调色用的色轮，常用来美化音频，双击会弹出均衡器控制界面，如图10-23所示。上部为图表均衡器，水平方向表示音频频率，垂直方向表示增益值。

图10-23

下部的Band1等为频段开启按钮，其右侧的下拉列表中◥◤为低通滤波器，用于留住低频去掉高频；◢◣为高通滤波器，作用与低通滤波器相反；◥◤为低架滤波器；◥◤为高架滤波器〔搁架式滤波器（低架和高架）可以使不想要的频率衰减（降低），而通过式滤波器（低通和高通）会完全阻挡不想要的频率〕；◥◤为钟形曲线滤波器，用来提升或降低图表上任意位置的频率；◥◤为陷波滤波器，用来完全移除特定的频率。

说明

人声的清晰度应在100Hz~300Hz的频率范围内，可辨别度通常在1kHz~3kHz的频率范围内。使用均衡器调整频率时效果较为明显，注意要慢慢操作。

• 总线发送：老版本中的辅助功能，当鼠标指针悬浮于总线名称上方时，会出现"绕过""控制""删除"按钮，单击"控制"按钮可以在弹出的界面中对发送到总线的音频进行电平、声像等的调整（默认音量为最低），如图10-24所示，还可以在"调音台"面板中该总线的轨道上添加特效等。

图10-24

• 声像：用于调整声音的立体效果，让受众可以通过声音判定人物或物体的方位，真正获得身临其境的视听享受。双击会弹出声像控制界面，如图10-25所示，可以直接调整旋钮或在视图界面中拖曳控制点。按住Alt或Option键双击，可以弹出3D立体声像控制界面，如图10-26所示，用来调整3D立体声。

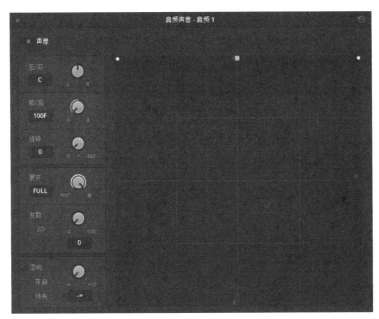

图10-25

• 总线输出：在这里可以快捷地添加总线（老版本的总线和子总线），当鼠标指针悬浮于总线名称上方时，会出现"绕过"和"删除"按钮。

• 编组：单击文本框后选择组的编号，同一个编号的音频轨道即可成为一组，例如将两个单声道编组后分别作为立体声的L声道和R声道。

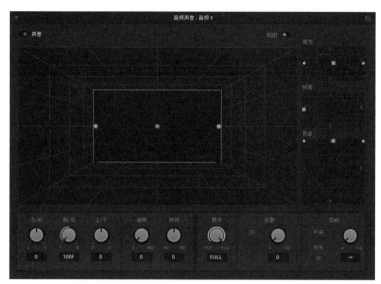

图 10-26

- 轨道名称:双击轨道名称可以直接修改。
- 工具按钮:"R"(录制)、"S"(单独播放)、"M"(静音)按钮的作用与音频轨道头按钮的作用相同。
- 音量控制推子:通过上下调整推子可以调整该音频轨道的音量。

综上所述,可以看到"调音台"面板中几乎包括了所有的音频轨道调整工具。当然,在硬件调音台上操作,效率会更高。

10.6 "检查器"面板的功能及操作

在"检查器"面板中可以对各类参数进行调整,包括单独的音频片段、音轨及转场、效果等,具体调整取决于所选的项目。

■ 10.6.1 "音频"标签页

在时间线上选择音频片段后,展开"音频"标签页,如图 10-27 所示。

- 音量:用于调整音频片段的音量,这里的 0 并不代表 0dB,而是相对于原始音量为 0。可以为其制作关键帧动画。

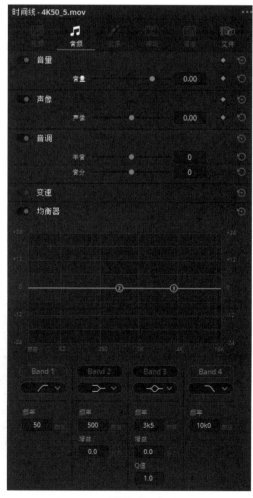

图 10-27

- 声像：用于调整音频片段的声像，立体空间中的左右声道并不是指只有左边响或只有右边响，而是听到的声音有空间感。可以为其制作关键帧动画。
- 音调：用于调整音频片段的音调，可以把声音变成很尖的高音或很低沉的低音。
- 变速：用于修改音频片段的播放速度。
- 均衡器：其原理及操作与"调音台"面板中音频轨道均衡器的原理及操作相同。

当选择音频轨道头时，在"音频"标签页中有"轨道电平"参数可以调整，如图10-28所示。实际上对音频轨道的处理是在"调音台"面板中进行的的，在这里主要进行混音操作。

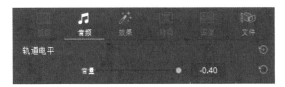

图10-28

10.6.2 "效果"标签页

前面介绍了在"调音台"面板中对音频轨道整体添加特效及进行设置的方法，这些操作同样可以在"效果"标签页中进行。另外，对单个音频片段添加的特效也可以在这里修改，主要看选取的项目是什么，如图10-29所示。左上角的名称即当前所选项目的名称，单击"Flanger"栏右侧的按钮可以调出可视化操作界面。

10.6.3 "转场"标签页

当为音频片段添加转场效果后，可以在"转场"标签页中对转场效果进行修改，如图10-30所示。

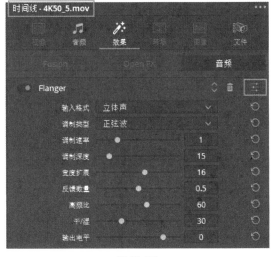

图10-29

图10-30

10.7 "效果"面板的功能及操作

打开"效果"面板，如图10-31所示，其中主要包括"音频转场"和"Fairlight FX"音频特效插件。

使用时可以直接将音频特效插件拖曳到音频片段上，或者拖曳到音频轨道头上，转场和插件都可以在"检查器"面板中修改。音频轨道上的特效同时体现在"调音台"面板的"特效"栏中，如图10-32所示。要进行修改时，可以在"检查器"或"调音台"面板中调出可视化控制面板。

音频转场特效只有3个，使用得较少，实际操作中通常直接制作淡入淡出效果来进行转场。

图10-31

图10-32

音频特效插件较为丰富，主要包括Chorus（合唱）、De-Esser（S音消除）、De-Hummer（M音消除）、Delay（延迟）、Dialogue Processor（对话处理）、Distortion（失真）、Echo（回声）、Flanger（翻变）、Foley Sampler（Foley采样）、Frequency Analyzer（频率分析）、LFE Filter（LFE过滤器）、Limiter（限制器）、Meter（仪表）、Modulation（调制器）、Multiband Compressor（多频带压缩器）、Noise Reduction（降噪）、Phase Meter（相位计）、Pitch（音调）、Reverb（混响）、Soft Clipper（软检）、Stereo Fixer（立体声）、Stereo Width（立体声宽度）、Surround Analyzer（环绕分析器）、Vocal Channel（声音通道）等。

10.8 "音响素材库"面板的功能及操作

使用"音响素材库"面板前需要先添加素材库，为方便用户使用，Blackmagic Design收纳了逾500种专业的免版税拟音素材，包括脚步声、爆破声、击打声等环境音以及各种拟音等，用户可以从其官方网站上下载并安装，安装完成后的面板如图10-33所示。

在顶部的搜索框中直接输入音效名称，在其右侧的"筛选依据"下拉列表中选择是按照"名称"还是"描述"进行搜索，通常保持默认的"所有栏"选项即可。其右侧是"素材库选择"按钮，单击该按钮后，会在其下方出现"素材库选择"下拉列表。

面板上部是播放器，可以播放选择的音效进行试听。

面板下部是搜索结果列表，每个音效都有名称、描述、长度等要素，还可以为其评定星级，便于制作时使用。

选择好音效后，可以从搜索结果列表或播放器中将其拖曳到时间线上使用。

图 10-33

10.9 音频的输入输出与总线控制

"Fairlight"工作区提供了对音频的输入输出和混音总线进行集中控制的面板——"分配输入/输出"面板，可以执行"Fairlight>分配输入输出"命令或"Fairlight>总线分配"命令将其打开，或者在"调音台"面板的"输入"栏中选择"输入"或"总线"选项将其打开。

"分配输入/输出"面板如图10-34所示。该面板用于对音频输入源和输出源进行调度，简单理解就是在这里可以控制把什么音频输出到哪里。有时在操作过程中发现没有录制上声音，或声音播放不出来，需要先在这里查看一下音频的输入与输出设置是否正确。

图 10-34

该面板左侧是"源"下拉列表,其中是所有音源;右侧是"目标"下拉列表,用于选择想要输出到的地方,可以是外放,也可以是某条音频轨道。将音源和目标选好后,单击"分配"按钮。

"总线"可以简单理解成将一些音频轨道汇总输出到一条总线轨道上,方便制作混音效果。例如,将多个人物的对话分别制作完成后,合并成对话总线,可以方便地对整体进行调整音量或添加音效等操作。DaVinci 17将之前各类格式的总线整合成当前的通用总线,使用起来非常方便。

总线的新建在"总线格式"面板中进行,如图10-35所示,先添加总线,然后在下拉列表中修改总线格式。

图10-35

总线的分配在"总线分配"面板中进行,如图10-36所示,先选择上部的总线,然后单击下部想要纳入其中的音频轨道或其他总线。同一个音频轨道可以纳入不同的总线,总线也可以嵌套总线。注意为总线起好名字,以便厘清层级关系。

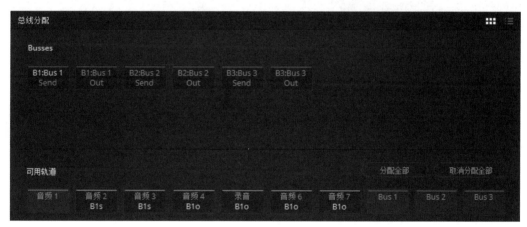

图10-36

10.10 音频的录制

下面以案例的形式,通过实际操作,讲解如何在DaVinci中进行音频的录制。

1 在"项目设置"对话框(快捷键为Shift+9)左侧列表中选择"采集和播放"选项,在右侧的"采集"栏的"采集"下拉列表中选择"Video and audio"选项,并设置好音频片段的保存位置,如图10-37所示。

2 添加音频轨道,这里用于录制声音,所以新建一个单声道轨道即可。可以将现有的空轨道改为单声道轨道。

图 10-37

在轨道头的位置右击，在弹出的菜单中执行"将轨道类型更改为>Mono"命令或"添加轨道>Mono"命令，直接添加一个新的单声道轨道，将音频轨道的名称修改为"录音"。

3 在"调音台"面板上找到刚才准备好的"录音"音频轨道，在"输入"栏单击，会出现下拉列表，选择"输入"选项，弹出"分配输入/输出"面板，在左侧"源"下拉列表中选择"Audio Input"选项，并选择麦克风设备。在右侧"目标"下拉列表中选择"Track Input"中的"录音"音频轨道，如图10-38所示。全部完成后，单击右下角的"分配"按钮，并关闭面板。

图 10-38

4 单击"录音"音频轨道的"R"按钮，使其变为红色（选中状态），完成录音准备。

5 完成录音准备后，还要设置好监听，以确保录音效果。在"Fairlight>输入监听风格"中共有5个选项："输入""自动""记录""静音""回放"，如图10-39所示。"输入"为当录制、播放、停止时，都只监听输入的实时音频，而不监听已经录制到音频轨道上的声音；"自动"为当录制和停止时监听实时音频，

图 10-39

当播放时监听音频轨道上已经录制好的声音；"记录"为较常用的选项，当录制时监听实时音频，当播放和停止时监听音频轨道上的声音；"静音"为当录制、播放和停止时都不监听实时音频；"回放"为较不常用的选项，当录制、播放和停止时，都只监听音频轨道上已经录制的声音。

6 如果发现用麦克风录制的声音音量较小，可以在"调音台"面板的"输入"栏中选择"路径设置"选项，在弹出的"路径设置-录音"面板中增加记录电平，如图10-40所示。

7 开始录制声音，先确保音频轨道的"录音准备"按钮 R 开启，然后在播放控制栏中单击"录制"按钮 ●，在播放的同时，开始在音频轨道录制声音。

8 如果在录制过程中感觉效果不好，则可以在音频轨道的同一个时间段上进行多次录制，此时多个音频会分层，执行"显示>显示音轨层"命令可以实现分层显示，如图10-41所示。最后一次录制的声音在最顶层，播放时只播放该轨道顶层的音频，可以直接把某一层的音频拖曳到顶层。

图 10-40

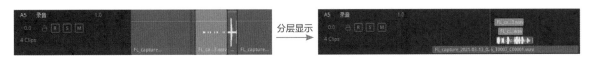

图 10-41

录制完成后，可以在"媒体池"面板中看到刚刚录制的音频文件，通常以"FL_"开头。

10.11 "ADR" 面板的功能及操作

ADR 是 Automated Dialog Replacement 的缩写，意思是自动对白替换。"ADR"面板通常用来对影视作品中的对白进行重新录制与替换，学习音频的录制之后，在这里可以更加直观地进行对白的录制操作。

打开"ADR"面板，其中包括"列表""录制""设置" 3 个标签页。

进入"设置"标签页，如图 10-42 所示。"预卷"和"续卷"参数用于设置某句对白录制前后预留的时间。选择好"记录源"和"记录轨道"等，开启底部的各项录音提示，设置好角色。

然后进入"列表"标签页，如图 10-43 所示，在这里可以设置某句对白的录制起始时间和提示内容，也可以直接导入。单击"ADR"面板右上角的"设置"按钮 ，在弹出的下拉列表中选择"导入提示列表"选项，选择 CSV 文件导入。

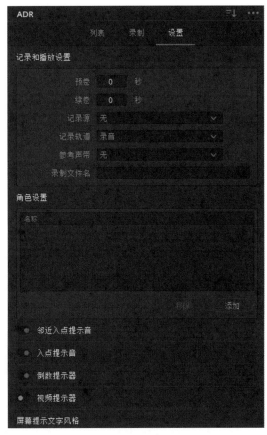

图 10-42

图10-43

进入"录制"标签页，如图10-44所示，打开"检视器"面板，可以在单句对白开始录制前显示提示内容。选择底部对白，即可开始配音工作。单击"试演"按钮🎤，可以进行多次试演再开始正式录制。可以多录制几遍，每一遍录制的音频都会出现在音频轨道的不同层中，便于后期挑选声音效果较好的使用。

全部准备完成后，在音频轨道上进入录制准备状态，单击播放控制栏中的"录制"按钮🔴，开始对白的录制。

10.12 导出音频文件

在"Fairlight"工作区中可以实现音频文件的独立导出，方便与其他软件交互。只需要在剪辑好的音频片段上右击，在弹出的菜单中执行"导出音频文件"命令，然后设置好名称、路径和格式等，单击"导出"按钮即可。同时，DaVinci 17可以直接设置外部音频处理软件，在偏好设置对话框中选择"系统"标签页，在"音频插件"栏中添加。

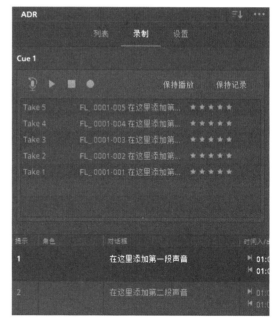

图10-44

第11章

基础操作：
"交付"工作区基础

11

交付是完成音/视频制作的最后一个环节，虽然操作比较简单，但也要认真对待，确保将高质量的视频呈现给客户。

11.1 "交付"工作区简介

单击"交付"按钮 ，打开的"交付"工作区如图11-1所示。

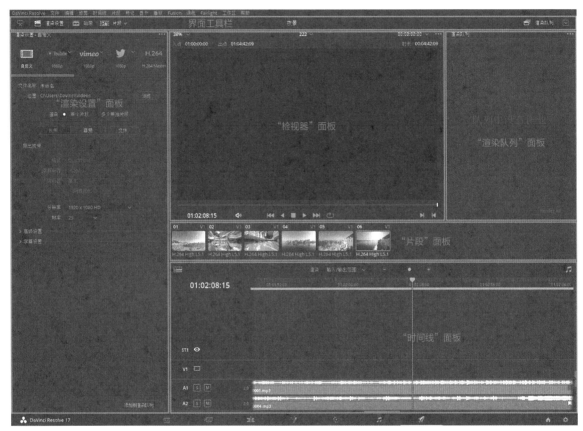

图11-1

11.2 "渲染设置"面板中的导出操作

"渲染设置"面板是"交付"工作区的主面板，用来对制作好的音/视频进行编码输出。读者要具备一定的音/视频编码基础，才能更加灵活、准确地运用该面板。

▌11.2.1 预设媒体编码格式

DaVinci预先设置好了几种交付格式，如图11-2所示，前几种是国外视频网站使用的格式，DaVinci 17.4增加了对Dropbox的支持，本地格式主要包括H.264、H.265、IMF、Final Cut Pro 7（在下拉列表中可选择FCPX）、

图11-2

Premiere XML、AVID AAF、Pro Tools、纯音频等。

1. 视频网站预设

YouTube、vimeo、Twitter、Dropbox均为视频网站，使用其预设可以输出适合网络传播的媒体格式。以YouTube为例，使用时，单击右侧的下拉按钮展开面板，选择导出视频的分辨率，面板中的参数可保持默认设置，设置好文件名称和位置，注意音频轨道要选择正确，不要勾选"直接上传到YouTube"复选框，如图11-3所示。设置完成后，将其添加到渲染队列即可。

2. H.264和H.265 Master预设

H.264是最常用的预设，先设置好文件名称和位置，在"渲染"栏中可以选择"单个片段"或"多个单独片段"选项，"单个片段"用来输出一个完整视频；"多个单独片段"主要用来进行套底等操作，将调好色的视频片段单独输出。"视频""音频""文件"3个标签页中的相关参数可根据项目要求，在默认参数基础上进行调整，如图11-4所示。

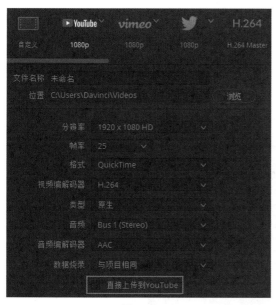

图11-3

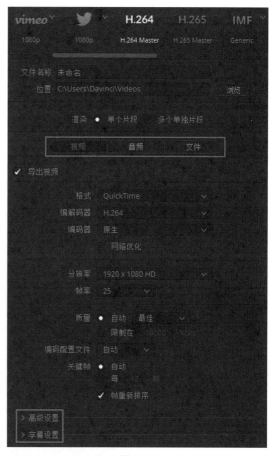

图11-4

展开"视频"标签页底部的"高级设置"栏，在这里可以对色彩空间进行设置，还可以设置是否使用优化的媒体文件或代理文件、缓存文件等直接进行输出，如图11-5所示。

展开"视频"标签页底部的"字幕设置"栏，如果字幕轨道中添加了字幕文件，则需要在"字幕设置"栏中进行导出，勾选"导出字幕"复选框，在"格式"下拉列表中可以选择"烧录到视频中""作为单独文件"（常用SRT格式）、"作为内嵌字幕"（文本格式）等选项，如图11-6所示。

H.265格式主要用于超高清、HDR视频等的导出。

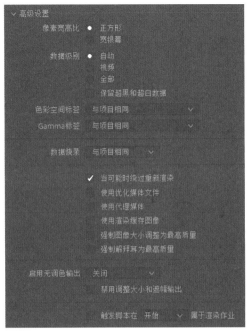

图11-5

图11-6

3. IMF 预设

IMF是一种影片数字发行的母版文件，通常格式选择"IMF"，编解码器可选"Kakadu JPEG 2000"，如图11-7所示。

图11-7

4. Final Cut Pro X、Premiere XML、AVID AAF 预设

这3个预设主要用来与其他视频剪辑软件进行套底操作，将调好色的视频片段单独导出，且导出一个XML

文件作为时间线使用。在"编解码器"和"类型"下拉列表中可以选择视频质量较高的格式，确保作品最终的输出质量，如图11-8所示。需要注意的是，FCP7和FCPX的XML文件不能混用，导出前需要先在下拉列表中选择。

5. Pro Tools预设

Pro Tools预设是Pro Tools软件导出的预设，时间线片段可单独导出为MXF格式的片段，音频轨道可单独导出为一个AAF文件，供Pro Tools软件使用。

6. 纯音频

选择该预设后，"视频"标签页的"导出视频"复选框自动取消勾选，在"音频"标签页中可以设置音频编码和相关参数。

图11-8

■ 11.2.2 创建附加视频输出

单击"渲染设置"面板中的"设置"按钮 ，在弹出的下拉列表中选择"创建附加视频输出"选项（可以创建多个），如图11-9所示，"位置"选项下方有附加视频输出分组，如图11-10所示。

图11-9

■ 11.2.3 自定义媒体编码格式

在进行自定义设置，例如根据各大视频网站的要求对媒体文件的格式进行设置后，可以将其保存成快捷设置，方便后续使用。只要在完成设置后，单击面板中的"设置"按钮 ，在弹出的下拉列表中选择"另存为新预设"选项并设置名字（如"我的264"），自定义的新预设便会出现在预设栏中，如图11-11所示，新预设可以在"设置"下拉列表中删除或更改。

图11-10

图11-11

11.3 "片段"面板的功能及操作

单击页面导航工具栏中的"片段"按钮旁的下拉按钮 ，展开"片段"面板，可以看到其与"调色"工作区中的"片段"面板相同。

与"调色"工作区不同的是，在任意片段上右击，可以弹出菜单，如图11-12所示，执行"渲染此片段"命令，会在时间线上将该片段的头尾作为入点和出点，方便对选择的片段进行单独渲染输出。

图11-12

11.4 "时间线"面板的功能及操作

"交付"工作区的"时间线"面板与"剪辑"工作区的"时间线"面板基本相同，但其不具备剪辑功能，主要用来设置渲染输出范围。"时间线"面板上方有一个"渲染"下拉列表，如图11-13所示，展开该下拉列表，可以选择渲染"整条时间线"或"输入/输出范围"选项。

图11-13

在"时间线"面板的任意位置右击，在弹出的菜单中可以执行"标记入点""标记出点""整条时间线"命令。执行"标记入点"或"标记出点"命令应以时间线播放头的所在位置为准。

11.5 "渲染队列"面板的功能及操作

单击工具栏中的"渲染队列"按钮 🔲 渲染队列，展开"渲染队列"面板，该面板主要用来管理渲染操作。当渲染设置完成后，渲染作业会逐条出现在"渲染队列"面板中，如图11-14所示。

图11-14

可以对作业进行编辑和删除，可以对一个或多个作业进行渲染，也可以对全部作业进行渲染。

在作业上右击，在弹出的菜单中可以执行"在媒体存储中显示""打开文件位置""清除渲染状态"命令。

单击"渲染队列"面板中的"设置"按钮███，在弹出的下拉列表中选择"显示作业详情"选项，作业会显示分辨率、编码、帧速率等元数据，方便在渲染前进行确认，如图11-15所示。

图11-15

11.6 常用的音/视频与编解码格式

DaVinci中常用的音/视频及编解码格式如下。

• AVI：音频、视频交错格式，是微软公司开发的一种数字音频与视频文件格式，使用率比较高。其最大的缺点就是文件太过庞大，后来通过DivX等压缩编码进行了完善。

• MPEG：运动图像专家组格式，普及率很高，之前的DVD等都用的这种格式。其优点主要在于使用MP3（MPEG-3）的音频编码和MP4（MPEG-4）的视频编码，在保证一定音画质量的前提下，大幅压缩了文件大小。

• MOV：苹果公司开发的视频文件格式，使用非常广泛。它具有优良的编码支持和跨平台性，便于搭建标准工作流程。

• MXF：一种视频文件格式，主要应用于影视行业的媒体制作、编辑、发行和存储等环节。

• ASF：高级流格式，是微软公司开发的一种视频文件格式，支持MPEG-4等多种编码格式，而且它是一种开放式格式。

• M4V：苹果公司开发的标准视频文件格式，主要用于iPad、iPhone等移动设备，其视频编码采用H.264，音频编码采用AAC。

• WMV：微软公司开发的视频编码格式，主要用于网络流媒体，其容器使用的是ASF格式。

• MP4：视频文件格式，对应MPEG-4编码格式。

• Cineon：柯达公司研发的将胶片转换为10bit的RGB数字文件的格式。

• DPX：Digital Picture Exchange（数字图像交换）格式，在Cineon文件格式的基础上增加了一系列头文件（header information）信息，广泛应用于电影胶片的数字化处理与存储等领域。

• DCP：全称为Digital Cinema Package（数字电影数据包），是当前数字影院放映时使用的主要格式，是一种数据包格式，包含图像、声音、字幕等，可进行压缩和加密。

• IMF：全称为Interoperable Master Format（交付母版文件），与DCP并列。DCP直接用于数字影院放映，而IMF负责转码输出除了胶片和DCP以外的其他所有数字发行文件。

• EXR：OpenEXR文件，由工业光魔（Industrial Light & Magic）公司开发，支持HDR、无损或有损压缩、16位或32位图像，在特效的合成过程中使用广泛。

• MXF：全称为Material eXchange Format（素材交换格式），是美国电影与电视工程师协会定义的一种专业音视频媒体文件格式，主要应用于影视行业的媒体制作、编辑、发行和存储等环节。

- H.264：H.264是一种高度压缩数字视频编解码器标准，可以在相同的带宽下提供更加优秀的图像质量，但在视频的制作过程中，由于其动态编码方式，视频容易出现卡顿，而且其压缩率比较高，色彩调整空间受限。

- H.265：H.265是在H.264基础上发展而来的一种视频压缩标准，主要用于4K、8K等超高清视频的编解码，对硬件要求比较高。

- Apple ProRes：苹果公司开发的一种视频编码格式，通常在视频的制作过程中使用，处理速度快、图像质量高。Apple ProRes 4444 XQ和Apple ProRes 4444，几乎为无损压缩，可包含Alpha通道，视频质量高；Apple ProRes 422 HQ和Apple ProRes 422，视频质量较高，主要用于视频的后期制作；Apple ProRes 422 LT和Apple ProRes 422 Proxy，具有更高的压缩率和更小的体积，主要用来在制作过程中生成代理媒体等。

- DNxHD/DNxHR：Avid推出的一种编解码格式。DNxHD通常用于高清视频，DNxHR通常用于超高清视频。DNxHR常用的有5个版本，从高到低依次是DNxHR 444、DNxHR HQX、DNxHR HQ、DNxHR SQ和DNxHR LB。在视频剪辑过程中通常使用DNxHR HQ及以上编码格式。

- GoPro CineForm：该格式用于高清及更高分辨率的数字中间片流程，适用于后期制作。

- Kakadu JPEG 2000：一种国际标准图像压缩编码格式，由JPEG格式发展而来，使用DCP打包时，使用该格式。

- WAV：微软公司开发的一种音频格式，支持多种音频位数、采样频率和声道，音质可达到CD水准，在音频制作、编辑时常用，但由于文件体积较大，在网络传播中并不常用。

- APE：一种无损压缩格式，可以把WAV文件的大小压缩至一半左右。

- 线性PCM：全称为Linear Pulse Code Modulation（线性脉冲编码调制），可以理解为一种音频无损压缩格式，优点是高保真，缺点是占用空间较大。

- WMA：微软公司开发的一种网络流媒体音频格式，与MP3格式类似，压缩率较大，便于网络传播。

- AAC：高级音频编码格式，标称比MP3音质更好且文件更小，苹果公司产品全线使用的音频格式，随着苹果设备的普及而迅速得到推广。

- MP3：MPEG标准中的音频部分，是一种有损的音频压缩编码格式，在保证一定音质的同时，极大地压缩了文件大小，使用非常广泛。